中华优秀传统文化系列培训读本

编委会

主　任：党怀兴
副主任：黄怀平　李铁绳　柯西钢　许广玺
　　　　郭建中　刘东风　李国华　葛文双
　　　　雷永利
委　员：杨雪玲　胡　丹　龙卓华　赵菁晶
　　　　冯　俊

陕西师范大学教师干部培训学院立项资助

◆ 中华优秀传统文化系列培训读本 ◆

中国传统优良家训集锦

杨 洁 主编

陕西师范大学出版总社

图书代号　ZZ22N1930

图书在版编目(CIP)数据

中国传统优良家训集锦/杨洁主编. —西安：
陕西师范大学出版总社有限公司,2023.6
ISBN 978-7-5695-3172-5

Ⅰ.①中… Ⅱ.①杨… Ⅲ.①家庭道德—中国
Ⅳ.①B823.1

中国版本图书馆 CIP 数据核字(2022)第 165911 号

中国传统优良家训集锦
ZHONGGUO CHUANTONG YOULIANG JIAXUN JIJIN

杨　洁　主编

特约编辑	张　曦	
责任编辑	王东升	
责任校对	杨雪玲	
封面设计	金定华	
出版发行	陕西师范大学出版总社	
	(西安市长安南路 199 号　邮编 710062)	
网　　址	http://www.snupg.com	
印　　刷	陕西日报印务有限公司	
开　　本	720 mm×1020 mm　1/16	
印　　张	13.75	
字　　数	286 千	
版　　次	2023 年 6 月第 1 版	
印　　次	2023 年 6 月第 1 次印刷	
书　　号	ISBN 978-7-5695-3172-5	
定　　价	65.00 元	

读者购书、书店添货或发现印装质量问题，请与本社高等教育出版中心联系。
电话:(029)85303622(传真)　85307864

总　序

陕西师范大学教师干部培训学院策划立项的"中华优秀传统文化系列培训读本"付梓出版,这是一件值得庆贺的大喜事。

首届全民阅读大会2022年4月23日在北京开幕。中共中央总书记、国家主席、中央军委主席习近平发来贺信,指出:"阅读是人类获取知识、启智增慧、培养道德的重要途径,可以让人得到思想启发,树立崇高理想,涵养浩然之气。中华民族自古提倡阅读,讲究格物致知、诚意正心,传承中华民族生生不息的精神,塑造中国人民自信自强的品格。希望广大党员、干部带头读书学习,修身养志,增长才干;……希望全社会都参与到阅读中来,形成爱读书、读好书、善读书的浓厚氛围。"

把马克思主义基本原理同中华优秀传统文化相结合,是党的十八大以来以习近平同志为核心的党中央提出的重大命题,是百年来坚持和发展马克思主义的经验总结,是继续推进马克思主义中国化时代化的必由之路。党的二十大报告指出:"坚持和发展马克思主义,必须同中华优秀传统文化相结合。只有植根本国、本民族历史文化沃土,马克思主义真理之树才能根深叶茂。"我国有5000多年的文明史,是世界四大文明中唯一一个历史文化没有中断的国家,无数的先贤为我们留下了丰富的传统文化遗产。保护好、传承好、利用好中华优秀传统文化,挖掘其丰富内涵,以利于更好坚定文化自信、凝聚民族精神。

陕西师范大学作为教育部直属的师范类高校,是一所历史悠久、文化积淀深厚的高等学府,在中华传统文化的研究、宣传和教育方面具备强健的实力,建校79年来一代又一代的陕师大人,取得了令学界瞩目的丰硕学术成果。譬如20世纪80

年代学校组织承担的国家辞书规划项目《十三经辞典》，编写者用了 28 年时间完成了 15 册 3000 万字的巨著，被学界誉为"千古不朽的事业"，获得教育部人文社科优秀成果二等奖。注意把科研成果转化为教学内容，相关部门与学院组织编写了一系列教材，开设的相关课程获评国家级精品资源共享课、一流本科课程、国家级研究生课程思政课等称号。教师干部教育工作是陕西师范大学承担的一项光荣任务，在教育中夯实教师干部的文化基础，做好教师干部优秀传统文化的培训工作，是长期的神圣使命。干部需要读书，需要读好书。好的中华优秀传统文化读本必须精益求精，让读者满意，从而取得良好的教育效果。为适应中国特色社会主义建设的新形势新任务新要求，教师干部培训学院在学校各级领导的大力支持下，针对教师干部学习和工作的实际需要，总结经验，统一规划，认真论证，精心部署，计划组织我校长期从事传统文化教学与研究的相关学者陆续推出一系列教育培训读本。这套读本涉及《周易》《尚书》《诗经》《春秋左传》《大学》《中庸》《论语》《孟子》《老子》以及"三礼"等中华文化核心经典，引导教育干部学习经典。这既是筑牢陕西师范大学教师干部教育的基础，也是加强教师干部培训品牌建设的重要举措。

"非学无以广才，非志无以成学"，借这套读本出版的东风，希望教师干部要努力成为勤于学习、善于学习的典范，要珍惜光阴、不负韶华，如饥似渴学习，一刻不停提高。要发扬"挤"和"钻"的精神，从经典中汲取智慧和营养。荀子在《劝学》中说："不积跬步，无以至千里；不积小流，无以成江海。"学习非一朝一夕之事，不可能毕其功于一役。我们的教师干部要树立终身学习的观念，养成勤读书善思考的习惯，在阅读中坚定理想信念，在阅读中培育人民情怀，在阅读中涵养道德情操，在阅读中树立文化自信。

"问渠那得清如许？为有源头活水来。"让我们一同努力，为把教师干部教育培训事业推向前进而不懈奋斗。

党怀兴
2023 年 1 月

前　言

中华民族是世界历史上唯一的文化没有断裂的民族,源远流长的中华传统文化建立在"家国同构"的社会基础之上,孟子曾说"天下之本在国,国之本在家"(《孟子·离娄上》),家庭在中国历史的绵延和中华文化的传承过程中发挥着极为重要的作用。古语云:"道德传家,十代以上;耕读传家次之;诗书传家又次之;富贵传家,不过三代。"家风不仅影响家族的世代传承,而且影响中华民族的长治久安。为了形成和确立优良家风,历代家族长者注重家庭教育,形成了既有共同规范又各具特色的家训。家训是中华民族文化的智慧结晶,是中国传统文化的重要组成部分。习近平总书记重视确立民族自信,提倡挖掘民族传统文化,主张"要推动全社会注重家庭家教家风建设",激励子孙后代增强家国情怀,身体力行地倡导中华民族的优良传统。顺应历史发展,我们有必要关注中华优秀传统文化,关注传承不衰的历代家训,助力中华民族的伟大复兴。

《中国传统优良家训集锦》一书选录了先秦至清末15篇家训著作,按时间顺序进行编排。这些家训虽仅是中国历代家训中的极小部分,但窥一斑而知全豹,我们可以从中领略中国传统家训在励志勉学、崇尚勤俭、修身养性、孝亲敬长、睦亲齐家等方面的丰富内涵,以期能反映出古代家训的基本面貌。为清晰系统地呈现中国家训的发展脉络,选录方法如下:

第一,以我国主要历史时期为轴,选取其中具有标志意义的家训。如《尚书·无逸》被认为是中国历史上最早的完全意义上的家训,《颜氏家训》是中国历史上

第一部体系宏大、内容繁富且结构严密的家训专著,《帝范》是中国历史上第一部系统化的帝王家训,《袁氏世范》被誉为"《颜氏家训》之亚"等。

第二,充分考虑家训内容的涵盖面,在兼顾共性的同时,尽量减少类同,选取具有特殊意义的内容。如《戒子拾遗》格外重视女子教育,在中国历史上首次将女子教育提高到了与男子同等的地位。《家范》为历代推崇的家庭教育范本,其中选用的案例、典故大多是源于"经""史",言之有据,是其一大特色。《温氏母训》则记录了温母平日训诫教子的话语,涉及教子、治家、交友、为人处世、妇道等方面的内容。

第三,选取在成文形式上具有代表性的家训。如《药言》《弟子箴言》是格言型、箴言型家训,《童蒙须知》是条规型家训,《郑板桥家书》是家书型家训,《女学篇》则是采用近代新出现的文献编纂体裁——章节体形式的家训。

第四,选取有特指适用对象的家训。如《尚书·无逸》《帝范》都是帝王对皇属的训诫,阐述了为君治国之道,教导后人如何成为一名合格的国君。《女学篇》是专门教诫女性的,作者曾懿受维新思想的影响,对女性教育提出了比较合理而详实的见解。

第五,选取作者具有特殊代表性和时代影响力的家训。如郑玄创立了糅合今古文经学、集经学之大成的"郑学",被誉为"天下所宗"。颜之推生活在魏晋南北朝动荡之时,为保家族世代永存,声名不衰,创作出中国古代家训的经典之作《颜氏家训》。袁采因其同情女性、提倡女教的女子教育主张,被誉为中国历史上"第一个女性同情论者"。[①]

为使读者更好地了解家训的历史背景,体会家训的丰富内涵,本书在原文前均有作者简介和导读,在原文后对原文内容加以注释,并进行了简短的解读。

本书由杨洁担任主编,高芳卉担任副主编,参加编写的有杨洁、高芳卉、金铭、李子月、肖乐、李婵玉。

本书是陕西省社会科学基金项目"中国传统优良家风及养成研究"(立项号2018Q01)的结项成果。

由于编者水平所限,书中难免有不当之处,敬请读者批评指正。

---

① 陈东原.中国妇女生活史[M].北京:商务印书馆,1937:148.

Contents 目录

尚书·无逸	周　公	(1)
戒子益恩书	郑　玄	(6)
颜氏家训(节选)	颜之推	(11)
帝范(节选)	李世民	(35)
中枢龟镜	苏　瓌	(50)
戒子拾遗	李　恕	(54)
家范(节选)	司马光	(61)
童蒙须知	朱　熹	(74)
袁氏世范(节选)	袁　采	(80)
药言	姚舜牧	(104)
安得长者言	陈继儒	(128)
温氏母训	温　璜	(144)
郑板桥家书(节选)	郑板桥	(156)
弟子箴言(节选)	胡达源	(171)
女学篇(节选)	曾　懿	(200)

尚书·无逸

〔西周〕周　公

作者简介

周公(生卒年不详),姓姬,名旦,是周文王姬昌第四子,周武王姬发的弟弟,曾两次辅佐周武王东伐纣王,并制作礼乐。因其采邑在周,爵为上公,故称周公。周公是西周初期杰出的政治家、军事家、思想家、教育家,被尊为"元圣"和儒学先驱。

导读

《尚书·无逸》记录了西周初年周公旦对于刚刚继位的周成王的教诲和训导,被认为是中国历史上最早的完全意义上的家训①。

商周之际,周武王继承周文王的事业,讨伐商纣王,进而使周成为天下共主。但是,在伐纣后不久,武王离世,留下年幼的周成王,周公旦为摄政大臣。周公对于周成王的训诫,既是大臣对于周王的规谏,更是叔父对侄子的谆谆教诲。"无逸"的意思是不可以骄奢淫逸。在本篇中,周公旦告诫周成王如何成为一名合格的国君,教导周成王要体察民众农事的艰辛和生活的疾苦。又通过比对商朝的兴盛与衰亡,以及周代先王太王、王季和文王,使周由一个诸侯之国最终得以取代商朝的历史,告诫周成王要牢记历史教训,继承家族优良政治传统,禁戒骄奢放纵,勤政爱民,成为一名合格的天子。

---

① 朱明勋.中国传统家训研究[D].成都:四川大学,2004:17.

原 文

周公曰:呜呼!君子所其无逸[1]。先知稼穑[2]之艰难乃逸[3],则知小人之依[4]。相[5]小人,厥[6]父母勤劳稼穑,厥子乃不知稼穑之艰难乃逸。乃谚[7]既诞[8]。否则侮厥父母,曰:昔之人无闻知。[9]

周公曰:呜呼!我闻曰:昔在殷王中宗[10],严恭寅畏,天命自度。[11]治民祗惧,不敢荒宁。[12]肆中宗之享国[13]七十有五年。其在高宗[14],时旧劳于外[15],爰暨[16]小人。作其即位,乃或亮阴[17],三年不言。其惟不言,言乃雍[18]。不敢荒宁,嘉靖殷邦[19]。至于小大,无时或怨。[20]肆高宗之享国五十有九年。其在祖甲[21],不义惟王,旧为小人。[22]作其即位,爰知小人之依,能保惠[23]于庶民,不敢侮鳏寡[24]。肆祖甲之享国三十有三年。自时厥后立王,生则逸[25],生则逸,不知稼穑之艰难,不闻小人之劳,惟耽乐[26]之从。自时厥后,亦罔或克寿[27]。或十年,或七八年,或五六年,或四三年。

周公曰:呜呼!厥亦惟我周太王[28]王季[29],克自抑畏[30]。文王卑服,即康功田功。[31]徽柔懿恭,怀保小民,惠鲜鳏寡。[32]自朝至于日中昃,不遑暇食,用咸和万民。[33]文王不敢盘于游田,以庶邦惟正之供。[34]文王受命惟中身,厥享国五十年。[35]

周公曰:呜呼!继自今嗣王[36],则其无淫于观于逸于游于田[37],以万民惟正之供。无皇曰,今日耽乐,[38]乃非民攸训,非天攸若。[39]时人丕则有愆[40]。曰:无若殷王受之迷乱酗于酒德哉[41]。

周公曰:呜呼!我闻曰:古之人犹胥训告,胥保惠,胥教诲,[42]民无或胥诪张为幻[43]。此厥不听,人乃训之,[44]乃变乱先王之正刑,至于小大。[45]民否则厥心违怨,否则厥口诅咒。[46]

周公曰:呜呼!自殷王中宗,及高宗,及祖甲,及我周文王,兹四人迪哲[47]。厥或告之曰:小人怨汝詈汝[48],则皇自敬德[49]。厥愆,曰朕之愆。允若时,不啻不敢含怒。[50]此厥不听,人乃或诪张为幻。曰小人怨汝詈汝,则信之。则若时,不永念厥辟,不宽绰厥心,[51]乱罚无罪,杀无辜。怨有同,是丛于厥身。[52]

周公曰:呜呼!嗣王其监于兹。[53]①

---

① 曾运乾.尚书正读[M].北京:中华书局,1964:220-225.

注释

[1] 无逸:不要骄奢放纵。无:通"毋",不要。逸:放纵,放荡。

[2] 稼穑(jià sè):农事的总称,春耕为稼,秋收为穑,即播种与收获,泛指农业劳动。

[3] 乃逸:处于安逸的状况。逸:安闲,安逸。

[4] 小人:普通人。依:通"隐",隐于内心的苦衷。

[5] 相:仔细看,审视鉴别。

[6] 厥(jué):文言代词,相当于"其",指上句所称"小人"。

[7] 诞:粗野不恭。

[8] 既:以至于。诞:本义为说大话,后引申为说谎话,欺诈、荒唐、放荡等。

[9] 否(pǐ)则:即"丕则",于是,乃至于。昔之人:意指上句中的"小人",称其父母。闻知:见闻,知识。

[10] 昔在:追述古事的用语。殷王中宗:第十代商王大戊的庙号。《史记·殷本纪》:"帝雍(雍已)崩,弟大戊立……殷复兴,诸侯归之,故称中宗。"

[11] 严:通"俨",庄重的样子。恭:恭顺。寅:恭敬。畏:谨慎小心。度(duó):揣测,衡量。

[12] 祗(zhī):敬。惧:敬畏谨慎。荒:逸乐过度。宁:安宁。

[13] 肆:故。享国:作在位解。

[14] 高宗:第二十三代商王武丁的庙号。

[15] 时旧劳于外:因为长期在外劳作。时:通"是",因为。旧:通"久"。

[16] 爰:犹"乃",于是。暨:及,接触。

[17] 乃或亮阴:于是常常沉默寡言。亮阴:古时帝王居丧,沉默不言,这里当指其沉稳。

[18] 雍:和谐。

[19] 嘉靖殷邦:使天下和善安定。嘉靖:安定。嘉:善。靖:安静。

[20] 小大:泛指邦国臣民。无时或怨:任何时候都没有人有怨言。或:有人。怨:怨言。

[21] 祖甲:商王武丁之子,祖甲有兄祖庚,武丁打算废祖庚而立祖甲,祖甲以为不义,逃于民间。

[22] 惟:以为。旧:久。

[23] 保:保护。惠:给予恩惠。

[24] 侮:轻慢。鳏寡:引申为老弱孤苦者。鳏:老而无妻或死了妻子的人。寡:丧夫的妇人或独居的妇人。

[25] 生则逸:生于安乐之中。

[26] 耽:沉湎。乐:享乐。

[27] 亦罔(wǎng)或克寿:继位君主无一人能够长寿。罔:没有。或:泛指人或事。克:能够。

[28] 周太王:周文王的祖父公亶(dǎn)父的尊称,上古周氏族的领袖。

[29] 王季:名季历,古公亶父之子,周文王姬昌的父亲。

[30] 克自抑畏:自己能够缜密敬畏。抑:谨慎,缜密。

[31] 文王:周文王姬昌,周武王建立周朝后,追尊为文王。卑服:穿着简朴。即:接近,这里指亲自劳作。康功:建房子。康:屋宇开阔。田功:田间耕作。

[32] 徽:美善也。懿恭:和善恭谨。怀保:安抚保护。惠鲜鳏寡:惠施于鳏寡。

[33] 自朝至于日中昃(zè),不遑暇食,用咸和万民:从早至晚,终日辛苦劳作,使人民和睦安宁。朝:早晨。日中:中午。昃:太阳偏西。不遑暇食:有闲暇时间从容地吃饭。遑:闲暇。咸和:协和,和睦。

[34] 文王不敢盘于游田,以庶邦惟正之供:文王不娱乐游猎,恭谨处理邦国之事。盘:娱乐,欢乐。田:通"畋",打猎。庶邦:分封的各诸侯国。惟正:唯以正道对待。供:通"恭",恭敬。

[35] 中身:中年之时。享国:继承国君之位。

[36] 继自今嗣(sì)王:从今以后继承王位的人。嗣王:继位的王。

[37] 淫:沉溺,过度。观:古借用为"欢"字,指声色之娱。

[38] 无皇曰,今日耽乐:不要比方着说,今天且放松享乐(明日不如此,下不为例之意)。皇:也作兄,通"况",愈加。

[39] 乃非民攸训,非天攸若:不是教导民众之为,不是顺应上天之为。攸:所。训:教导,教诲。若:顺从。

[40] 时人丕则有愆(qiān):这样的人乃是有大过错的人。丕:大。愆:罪过,过失。

[41] 无若:不要像。受:殷商天子纣,传为暴君,殷商亡国于纣在位时。酗:沉迷,无节制,一般指喝酒。德:凶德,恶行。

[42] 古之人犹胥训告,胥保惠,胥教诲:先人犹且相互训告,相互匡正,相互教

诲。胥：相互。

[43] 民无或胥诪(zhōu)张为幻：这样才使民众不会相互欺诈诳骗。诪张：欺骗欺诳。幻：虚假，惑乱。

[44] 此厥不听，人乃训之：如不能听取训告的话，那么臣子们就会顺从他，不再有忠言进谏了。训：顺从，遵循。

[45] 乃变乱先王之正刑，至于小大：于是就开始从小处到大处改变先王的政令和法度。变乱：变更，使紊乱。正：通"政"，政令。刑：法度。

[46] 民否则厥心违怨，否则厥口诅咒：使民众心生怨恨和诅咒。违怨：怨恨。

[47] 迪：蹈行，践。哲：明智，智慧之道。

[48] 小人怨汝詈(lì)汝：民众抱怨诅咒君王。詈：骂。

[49] 皇自敬德：更加敬重自己的品德。

[50] 允若时：真是这样，下文"则若时"义同。允：诚，确是。若：像。时：是这样。不啻(chì)不敢含怒：不迁怒于民众。不啻：不仅，不但。

[51] 不永念厥辟，不宽绰厥心：不常信守为君之道，不宽容大量容民众之言。辟：君王。宽绰：器量宽宏。

[52] 怨有同，是丛于厥身：怨恨会聚起来，集中到他身上。怨有同：怨恨会聚集。同：聚。丛：丛集。

[53] 嗣王其监于兹：继位者要以这篇谈话中的道理为鉴戒。嗣王：周成王。兹：这。

解 读

《无逸》亦作《毋逸》，作于周公还政成王以后。"君子所其无逸"是本篇的宗旨。《无逸》以对话形式行文，其体裁仍处于语录体，这是其区别于汉代以后家训的主要特点。周公在文中告诫成王不要耽于享乐，要勤于政事，体会稼穑之艰难，了解民众之疾苦，要以史为鉴，勤政爱民。全文以七个"呜呼"为每段的开头，连用君子与小人、殷商贤王与昏君、周朝贤王之勤政、对万民的保护和恩惠与否、对小人的谨慎与否五处对比，阐述了周公的农本、重民、无淫于逸的思想，其为君之道，备受历代君王推崇。

(编注：金 铭 校对：高芳卉)

戒子益恩书

〔东汉〕郑 玄

作者简介

郑玄(127—200),字康成,北海郡高密县(今山东省高密市)人。东汉末年儒家学者、经学家。郑玄遍注群经,以毕生的精力,研究经学,创立了糅合今古文经学、集经学之大成的"郑学",当时为"天下所宗"。①

导 读

《戒子益恩书》是郑玄于晚年写给儿子郑益恩的一篇述志教子的文章。益恩是郑玄独子,曾被孔融举为孝廉。后来袁绍之子袁谭率黄巾降兵攻北海,把孔融包围在都昌(今山东省昌邑市),情势万分紧急,郑益恩率家兵前去营救,结果反被围杀,时年仅二十七岁。② 在这次事件之前,郑玄已经七十岁了,而且还身染重病,估计自己不久将离开人世,故写《戒子益恩书》来教育自己的儿子。

原 文

吾家旧[1]贫,不为父母昆弟所容[2],去厮[3]役之吏,游学周秦之都[4],往来幽并兖豫之域[5],获觐[6]乎在位通人[7],处逸大儒[8],得意者咸从捧手[9],有所授焉;遂博稽[10]六艺[11],粗览[12]传记,时睹秘书纬术之奥[13]。年过四十,乃归供养,假[14]田播殖,以娱朝夕;遇阉尹擅执[15],坐党禁锢[16]十有四年。而蒙赦

---

① 庄适选注.后汉书[M].北京:商务印书馆,1927:65-66.
② 庄适选注.后汉书[M].北京:商务印书馆,1927:65.

令,举贤良方正有道[17],辟[18]大将军[19]三司府[20],公车再召[21];比牒并名[22],早为宰相,惟彼数公,懿德大雅[23],克堪[24]王臣,故宜式序[25],吾自忖度,无任[26]于此,但念述先圣之元意[27],思整百家[28]之不齐,亦庶几[29]以竭吾才;故闻命[30]罔从。而黄巾为害,萍浮南北,复归邦乡。入此岁来,已七十矣,宿素[31]衰落,仍有失误[32],案之礼典[33],便合传家。今我告尔以老,归尔以事,将闲居以安性,覃思[34]以终业[35],自非拜国君之命,问族亲之忧,展敬[36]坟墓,观省野物,胡尝扶杖出门乎。家事大小,汝一承之!咨尔茕茕[37]一夫,曾无同生相依,其勖[38]求君子之道,研赞勿替[39],"敬慎威仪,以近有德[40]",显誉成于僚友[41],德行立于己志[42]!若致声称[43],亦有荣于所生[44];可不深念[45]邪!可不深念邪!吾虽无绂冕[46]之绪[47],颇有让爵之高,自乐以论赞[48]之功,庶[49]不遗后人之羞;末所愤愤者[50],徒以亡亲坟垄未成,所好群书,率皆腐敝[51],不得于礼堂[52]写定,传与其人[53],日西方暮,其可图乎[54]!家今差[55]多于昔,勤力务时,无恤[56]饥寒!菲饮食,薄衣服,节夫二者,尚令吾寡恨[57];若忽忘不识,亦已焉哉!①

注 释

[1] 旧:曾经,过去。

[2] 不为父母昆弟所容:父母兄弟力薄,不能并容。昆:兄。

[3] 厮:贱也,古代称服杂役的人。

[4] 周秦之都:周都镐,秦都咸阳,皆在关中,指关中之地。

[5] 幽并兖豫之域:古地名,泛指今河北、山西、山东、河南一带。

[6] 觐:拜见。

[7] 在位通人:当朝的博学之士。

[8] 处逸大儒:隐居不仕的大儒学者。

[9] 得意者咸从捧手:向学业有成就的人拱手求教。

[10] 博稽:广博地钻研。

[11] 六艺:《诗》《书》《礼》《乐》《易》《春秋》六本儒家经典书籍。

[12] 粗览:浏览。这里是谦辞。

---

① 庄适选注.后汉书[M].北京:商务印书馆,1927:59-61.

[13] 时睹秘书纬术之奥：时常参阅谶纬图箓一类书籍的玄奥之理。纬术：汉代盛行谶纬之学，使儒学神学化。

[14] 假：借。

[15] 阉尹擅执：宦官专权。阉尹：管领太监的官。

[16] 坐党禁锢：受朋友牵连被监禁。东汉末年，宦官专权，李膺等人抨击宦官集团，被诬陷为"诽讪朝廷"，遂起党锢之祸，李膺、杜秘等二百余名党人被捕入狱，郑玄为杜秘故吏而被牵连。

[17] 举贤良方正有道：被推举为贤良方正、有道之才。贤良方正：汉代选拔官吏的科目之一。

[18] 辟：征召。

[19] 大将军：官名，位在三公之上，主征伐。

[20] 三司府：太尉、司徒、司空三个府署。

[21] 公车再召：官府接连两次召见。公车：汉时以官府的车载送应召者，这里指官府。

[22] 比牒并名：一起被授予官职的人。牒：授官的薄录。

[23] 懿德大雅：具有美德，颇具才华。

[24] 克堪：能够胜任。克：通"可"。

[25] 故宜式序：所以能按照次第论功序位。

[26] 无任：不能胜任。无：通"毋"。

[27] 元意：原意。元：通"原"。

[28] 百家：诸子百家。

[29] 庶几：或许可以，表推测。

[30] 命：指前文屡次征召之事。

[31] 宿素：平素。

[32] 失误：注述当中的错误、遗漏等。

[33] 案之礼典：按照《曲礼》所规定。案：通"按"，按照。礼：《曲礼》。《曲礼》中"七十老而传"，七十岁传家事于子。

[34] 覃（tán）思：深思。覃：深沉。

[35] 终业：完成著述的事业。

[36] 展敬：省视祭扫。

[37] 茕（qióng）茕：孤独的样子，这里指益恩没有兄弟，只孤单一人。

[38] 勖(xù):勉励。

[39] 讃(zàn):通"赞"。勿替:不要荒废。

[40] 以近有德:逐渐成为一个品德高尚的人。

[41] 显誉成于僚友:显赫的声誉是由同僚和朋友们促成的。

[42] 德行立于己志:养成高尚的德行得靠自己立志。

[43] 若致声称:如若得到了好的声名。

[44] 所生:父母祖宗。

[45] 深念:深思。

[46] 绂(fú)冕:比喻高官显位。

[47] 绪:功业。

[48] 论赞:史传一篇末尾的评论称为论赞,此处指郑玄自己乐于著书立说之事。

[49] 庶:希望,但愿,表示希望发生或出现某事,进行推测。

[50] 末所愤愤者:临终前我所憾恨的。

[51] 腐敝:朽烂破损。

[52] 礼堂:讲堂,习礼之地。

[53] 传与其人:传给与我志同道合之人。

[54] 其可图乎:还能完成这些事吗?

[55] 差(chā):略微。

[56] 恤:担忧。

[57] 尚令吾寡恨:或许令我少一些遗憾。尚:或许。寡:少。恨:遗憾。

解读

郑玄的《戒子益恩书》主要是叙述自己一生的经历,以情真意切的语言勉励、教育自己的儿子。他讲述自己游走四方,求教于通人大儒的求学历程;他讲述自己遭党锢之祸被监禁长达十四年之久,感叹命运多舛、官场险恶,也是在表示无论环境多么艰难困苦,都不能动摇他从事经学研究的意志;他讲述自己屡次辞绝高官,只念阐述先辈圣贤之原意,以期整理诸子百家学说之分歧,更表现了他淡泊于名利、一心追求学问的坚定志向。他希望将自己追求学术坚韧不拔的精神传给下一代,他希望用一种不慕虚荣、不计名利、自用其才、自得其乐的人生观影响下一代。

《戒子益恩书》中,郑玄不仅对儿子提出了学业上的要求,进行了道德的教育,对儿子的生活也有指导。郑玄希望儿子在学业上,"研讃勿替",持之以恒,不可荒废;在道德上,要"勖求君子之道""德行立于己志",立志成为品德高尚之人;在生活上,"勤力务时""菲饮食,薄衣服",要勤俭持家。《戒子益恩书》中的道德说教少,语言十分亲切,动之以情,晓之以理,字里行间显示出作者对儿子深切而真挚的爱。

(编注:李子月　校对:高芳卉)

颜氏家训(节选)

[南北朝]颜之推

作者简介

颜之推(531—约597),字介,祖籍琅邪临沂(今山东省临沂市),生于江陵(今湖北省荆州市),南北朝时期著名的教育家、思想家、文学家。颜之推出身于官僚世家,学有家传。其父颜协、兄颜之仪并为知名文学家,有诗文传世。颜之推博学多识,一生著述甚丰。

导 读

《颜氏家训》约成书于公元6世纪末(隋文帝灭陈国后,隋炀帝即位之前)。全书共七卷二十篇,是颜之推通过记述个人经历、思想、学识等方面的内容以告诫子孙的著作,是他对自己一生的立身处世之道和为学经验的总结。《颜氏家训》是中国历史上第一部体系宏大且内容丰富的家训,开后世"家训"之先河,是我国古代家庭教育理论宝库中的一份珍贵的遗产,其理论和实践对后人产生了深远的影响,被誉为"古今家训之祖""家教典范"。

原文

序致第一

夫圣贤之书,教人诚孝[1],慎言检迹[2],立身扬名[3],亦已备矣。魏、晋已来[4],所著诸子,理重事复,递相模敩[5],犹屋下架屋,床上施床耳。[6]吾今所以复为此者,非敢轨物范世[7]也,业以整齐门内[8],提撕[9]子孙。夫同言而信,信其所亲;同命而行,行其所服。禁童子之暴谑[10],则师友[11]之诫,不如傅婢[12]

之指挥;止凡人之斗阋[13],则尧、舜之道,不如寡妻之诲谕[14]。吾望此书为汝曹[15]之所信,犹贤于[16]傅婢寡妻耳。

吾家风教,素为整密。[17]昔在龆龀[18],便蒙诱诲;每从两兄,晓夕温清[19],规行矩步[20],安辞定色,锵锵翼翼[21],若朝严君[22]焉。赐以优言[23],问所好尚[24],励短引长[25],莫不恳笃[26]。年始九岁,便丁荼蓼[27],家涂[28]离散,百口索然[29]。慈兄鞠[30]养,苦辛备至;有仁无威,导示不切[31]。虽读《礼》《传》[32],微爱属文[33],颇为凡人之所陶染,肆欲轻言,不修边幅。年十八九,少知砥砺[34],习若自然,卒难洗荡[35]。二十已后,大过稀焉;每常心共口敌[36],性与情竞[37],夜觉晓非,今悔昨失,自怜无教,以至于斯。追思平昔之指[38],铭肌镂骨[39],非徒古书之诫,经目过耳也。故留此二十篇,以为汝曹后车[40]耳。

教子第二

上智不教而成,下愚虽教无益,中庸之人,不教不知也。古者,圣王有胎教之法:怀子三月,出居别宫,目不邪视,耳不妄听,音声滋味[41],以礼节之。书之玉版[42],藏诸金匮[43]。生子咳㖷[44],师保[45]固明孝仁礼义,导习之矣。凡庶纵不能尔[46],当及婴稚,识人颜色,知人喜怒,便加教诲,使为则为,使止则止。比及[47]数岁,可省笞罚[48]。父母威严而有慈,则子女畏慎而生孝矣。吾见世间,无教而有爱,每不能然;饮食运为[49],恣[50]其所欲,宜诫翻[51]奖,应诃[52]反笑,至有识知[53],谓法当尔[54]。骄慢已习,方复制之,捶挞至死而无威[55],忿怒日隆而增怨,逮[56]于成长,终为败德。孔子云:"少成若天性,习惯如自然"是也。俗谚曰:"教妇初来,教儿婴孩。"诚哉斯语!

凡人不能教子女者,亦非欲陷其罪恶;但重[57]于诃怒。伤其颜色[58],不忍楚挞[59]惨其肌肤耳。当以疾病为谕[60],安得不用汤药针艾救之哉?又宜思勤督训者,可愿苛虐于骨肉乎[61]?诚不得已也。

王大司马[62]母魏夫人,性甚严正;王在湓城时,为三千人将,年逾四十,[63]少不如意,犹捶挞之,故能成其勋业。梁元帝时,有一学士,聪敏有才,为父所宠,失于教义:一言之是,遍于行路[64],终年誉之;一行之非,掩藏文饰[65],冀其自改[66]。年登婚宦,暴慢日滋,[67]竟以言语不择,为周逖抽肠衅鼓云[68]。

父子之严,不可以狎[69];骨肉之爱,不可以简[70]。简则慈孝不接,狎则怠慢生焉。由命士以上,父子异宫,此不狎之道也;[71]抑搔痒痛,悬衾箧枕,此不简之教也。[72]或问曰:"陈亢喜闻君子之远其子[73],何谓也?"对曰:"有是也。盖君子之不亲教其子也,《诗》有讽刺之辞,《礼》有嫌疑之诫,《书》有悖乱之事,《春秋》有邪僻之讥,《易》有备物之象:皆非父子之可通言[74],故不亲授耳。"

齐武成帝子琅邪王,太子母弟[75]也,生而聪慧,帝及后并笃爱之,衣服饮食,与东宫相准[76]。帝每面称之曰:"此黠[77]儿也,当有所成。"及太子即位,王居别宫,礼数优僭[78],不与诸王等;太后犹谓不足,常以为言。年十许岁[79],骄恣无节,器服玩好,必拟乘舆[80];常朝南殿,见典御进新冰,钩盾献早李,[81]还索不得,遂大怒,诟[82]曰:"至尊已有,我何意无?"[83]不知分齐[84],率皆如此。识者多有叔段、州吁之讥[85]。后嫌宰相,遂矫诏斩之,[86]又惧有救,乃勒麾下军士,防守殿门;既无反心,受劳而罢,后竟坐此幽薨[87]。

人之爱子,罕亦能均[88];自古及今,此弊多矣。贤俊者自可赏爱,顽鲁者亦当矜怜[89],有偏宠者,虽欲以厚之,更所以祸之。共叔之死,母实为之。赵王[90]之戮,父实使之。刘表之倾宗覆族[91],袁绍之地裂兵亡[92],可为灵龟明鉴也[93]。

齐朝有一士大夫,尝谓吾曰:"我有一儿,年已十七,颇晓书疏[94],教其鲜卑语及弹琵琶,稍欲通解,以此伏事[95]公卿,无不宠爱,亦要事也。"吾时[96]俯而不答。异哉,此人之教子也!若由此业,自致卿相,亦不愿汝曹为之。

治家第五

夫风化[97]者,自上而行于下者也,自先而施于后者也。是以父不慈则子不孝,兄不友则弟不恭,夫不义则妇不顺矣。父慈而子逆,兄友而弟傲,夫义而妇陵[98],则天之凶民,乃刑戮之所摄[99],非训导之所移也。

笞怒废[100]于家,则竖子之过立见[101];刑罚不中,则民无所措手足。[102]治家之宽猛[103],亦犹国焉。

孔子曰:"奢则不孙,俭则固;与其不孙也,宁固。[104]"又云:"如有周公之才之美,使骄且吝,其余不足观也已。[105]"然则可俭而不可吝已。俭者,省约为礼之谓也;吝者,穷急不恤之谓也。今有施则奢,俭则吝;如能施而不奢,俭而不吝,可矣。

生民[106]之本,要当稼穑而食,桑麻以衣。蔬果之畜,园场之所产;鸡豚之善[107],埘圈[108]之所生。爰及栋宇器械[109],樵苏脂烛[110],莫非种殖之物也[111]。至能守其业者,闭门而为生之具[112]以足,但家无盐井[113]耳。今北土风俗,率能躬俭节用,以赡[114]衣食;江南奢侈,多不逮焉。

梁孝元[115]世,有中书舍人,治家失度,而过严刻[116],妻妾遂共货[117]刺客,伺醉而杀之。

世间名士[118],但务宽仁;至于饮食饷馈[119],僮仆减损[120],施惠然诺[121],妻子节量[122],狎侮宾客,侵耗乡党[123]:此亦为家之巨蠹[124]矣。

齐吏部侍郎房文烈,未尝嗔怒,经霖雨[125]绝粮,遣婢籴[126]米,因[127]尔逃窜,三四许日,方复擒之。房徐曰:"举家无食,汝何处来?"竟无捶挞。尝寄人宅[128],奴婢彻屋为薪略尽[129],闻之颦蹙[130],卒无一言。

裴子野[131]有疏亲故属饥寒不能自济者,皆收养之;家素清贫,时逢水旱,二石米为薄粥,仅得遍焉,躬自[132]同之,常无厌色。邺下有一领军,贪积已甚,家童八百,誓满一千;朝夕每人肴膳[133],以十五钱为率[134],遇有客旅,更无以兼[135]。后坐事伏法[136],籍[137]其家产,麻鞋一屋,弊衣[138]数库,其余财宝,不可胜言。南阳有人,为生奥博[139],性殊俭吝,冬至后女婿谒[140]之,乃设一铜瓯[141]酒,数脔[142]獐肉,婿恨其单率[143],一举尽之。主人愕然,俯仰命益[144],如此者再;退而责其女曰:"某郎好酒,故汝常贫。"及其死后,诸子争财,兄遂杀弟。

妇主中馈,惟事酒食衣服之礼耳,国不可使预政,家不可使干蛊;[145]如有聪明才智,识达古今,正当辅佐君子[146],助其不足,必无牝鸡晨鸣[147],以致祸也。

江东妇女,略无交游,其婚姻[148]之家,或十数年间,未相识者,惟以信命赠遗[149],致殷勤焉。邺下风俗,专以妇持门户,争讼曲直,造请逢迎[150],车乘填街衢[151],绮罗盈府寺[152],代子求官,为夫诉屈。此乃恒、代之遗风[153]乎?南间贫素[154],皆事外饰,车乘衣服,必贵整齐;家人妻子,不免饥寒。河北人事[155],多由内政[156],绮罗金翠[157],不可废阙[158],羸马悴奴[159],仅充[160]而已;倡和[161]之礼,或尔汝[162]之。

河北妇人,织纴组紃[163]之事,黼黻锦绣罗绮[164]之工,大优于江东也。

太公[165]曰:"养女太多,一费也。"陈蕃曰:"盗不过五女之门。"女之为累,亦以深矣。然天生蒸民[166],先人传体,其如之何?世人多不举[167]女,贼行[168]骨肉,岂当如此,而望福于天乎?吾有疏亲,家饶妓媵[169],诞育将及,便遣阍竖[170]守之。体有不安,窥窗倚户,若生女者,辄持将去[171];母随号泣,使人不忍闻也。

妇人之性,率宠子婿而虐儿妇[172]。宠婿,则兄弟之怨生焉;虐妇,则姊妹之谗行焉。然则女之行留[173],皆得罪于其家者,母实为之。至有谚云:"落索阿姑餐。[174]"此其相报也。家之常弊,可不诫哉!

婚姻素对,靖侯成规。[175]近世嫁娶,遂有卖女纳财,买妇输绢,比量父祖,计较锱铢,责多还少,市井无异。[176]或猥婿在门,或傲妇擅室,[177]贪荣求利,反招羞耻,可不慎欤!

借人典籍,皆须爱护,先有缺坏,就为补治,此亦士大夫百行[178]之一也。济阳江禄[179],读书未竟[180],虽有急速[181],必待卷束[182]整齐,然后得起,故无损败,人不厌其求假[183]焉。或有狼藉几案,分散部帙[184],多为童幼婢妾之所点[185]污,风雨虫鼠之所毁伤,实为累德[186]。吾每读圣人之书,未尝不肃静对之;其故纸有《五经》词义,及贤达姓名,不敢秽用[187]也。

吾家巫觋祷请[188],绝于言议;符书章醮[189]亦无祈焉,并汝曹所见也。勿为妖妄之费。

勉学第八

自古明王圣帝,犹须勤学,况凡庶乎!此事遍于经史,吾亦不能郑重[190],聊举近世切要[191],以启寤[192]汝耳。士大夫子弟,数岁已上,莫不被教,多者或至《礼》《传》,少者不失《诗》《论》。及至冠婚[193],体性[194]稍定;因此天机[195],倍须训诱[196]。有志尚者,遂能磨砺,以就素业[197];无履立[198]者,自兹堕慢[199],便为凡人。人生在世,会当有业[200]:农民则计量[201]耕稼,商贾则讨论货贿[202],工巧则致精器用[203],伎艺则沈思法术[204],武夫则惯习弓马,文士则讲议经书。多见士大夫耻[205]涉农商,羞[206]务工伎,射则不能穿札[207],笔则才记姓名,饱食醉酒,忽忽[208]无事,以此销日[209],以此终年[210]。或因家世余绪[211],得一阶半级[212],便自为足,全忘修学;及有吉凶大事,议论得失,蒙然张口[213],如坐云雾;公私宴集,谈古赋诗,塞默[214]低头,欠伸[215]而已。有识[216]旁观,代其入地[217]。何惜数年勤学,长受一生愧辱哉!

梁朝全盛之时,贵游子弟[218],多无学术,至于谚云:"上车不落则著作,体中何如则秘书。[219]"无不熏衣剃面,傅粉施朱,驾长檐车,跟高齿屐,坐棋子方褥[220],凭斑丝隐囊[221],列器玩于左右,从容出入,望若神仙。明经求第,则顾人答策[222];三九公宴[223],则假手[224]赋诗。当尔之时,亦快士[225]也。及离乱之后,朝市迁革[226],铨衡选举[227],非复曩[228]者之亲;当路秉权[229],不见昔时之党。求诸身而无所得,施之世而无所用。被褐而丧珠[230],失皮而露质[231],兀[232]若枯木,泊若穷流[233],鹿独[234]戎马之间,转死沟壑[235]之际。当尔之时,诚驽材[236]也。有学艺者,触地[237]而安。自荒乱已来,诸见俘虏。虽百世小人[238],知读《论语》《孝经》者,尚为人师;虽千载冠冕[239],不晓书记[240]者,莫不耕田养马。以此观之,安可不自勉耶?若能常保数百卷书,千载终不为小人[241]也。

夫明《六经》之指[242],涉百家之书,纵不能增益德行,敦厉[243]风俗,犹为一艺,得以自资。父兄不可常依,乡国不可常保,一旦流离,无人庇荫,当自求诸身耳。谚曰:"积财千万,不如薄伎在身。"伎之易习而可贵者,无过读书也。世人不问愚智,皆欲识人之多,见事之广,而不肯读书,是犹求饱而懒营馔[244],欲暖而惰裁衣也。夫读书之人,自羲、农[245]已来,宇宙之下,凡识几人,凡见几事,生民之成败好恶,固不足论,天地所不能藏,鬼神所不能隐也。

有客难主人[246]曰:"吾见强弩长戟[247],诛罪安民,以取公侯者有矣;文义习吏[248],匡时[249]富国,以取卿相者有矣;学备古今,才兼文武,身无禄位,妻子饥寒者,不可胜数,安足贵学乎?"主人对曰:"夫命之穷达[250],犹金玉木石也;修以学艺,犹磨莹[251]雕刻也。金玉之磨莹,自美其矿璞[252],木石之段块,自丑其雕刻;安可言木石之雕刻,乃胜金玉之矿璞哉?不得以有学之贫贱,比于无学之富贵也。且负甲为兵,咋笔为吏[253],身死名灭者如牛毛,角立杰出者如芝草[254];握素披黄[255],吟道咏德,苦辛无益者如日蚀[256],逸乐名利者如秋荼[257],岂得同年而语[258]矣。且又闻之:生而知之者上,学而知之者次。所以学者,欲其多知明达耳。必有天才,拔群出类,为将则暗与孙武、吴起同术,执政则悬[259]得管仲、子产之教,虽未读书,吾亦谓之学矣。今子即不能然,不师古之踪迹,犹蒙被而卧耳。"

人见邻里亲戚有佳快[260]者,使子弟慕而学之,不知使学古人,何其蔽也哉?世人但见跨马被甲,长矟[261]强弓,便云我能为将;不知明乎天道,辩乎地利,比量逆顺[262],鉴达[263]兴亡之妙也。但知承上接下,积财聚谷,便云我能为相;不知敬鬼事神,移风易俗,调节阴阳,荐举贤圣之至[264]也。但知私财不入[265],公事夙[266]办,便云我能治民;不知诚己刑物[267],执辔如组[268],反风灭火[269],化鹞为凤[270]之术也。但知抱令守律[271],早刑晚舍[272],便云我能平狱[273];不知同辕观罪[274],分剑追财[275],假言而奸露[276],不问而情得之察也[277]。爰及农商工贾,厮役[278]奴隶,钓鱼屠肉,饭牛牧羊,皆有先达,可为师表,博学求之,无不利于事也。

夫所以读书学问,本欲开心明目[279],利于行耳。未知养亲者,欲其观古人之先意承颜[280],怡声下气[281],不惮劬[282]劳,以致甘腴[283],惕然惭惧,起而行之也;未知事君者,欲其观古人之守职无侵[284],见危授命[285],不忘诚谏,以利社稷[286],恻[287]然自念,思欲效之也;素骄奢者,欲其观古人之恭俭节用,卑以自牧[288],礼为教本,敬者身基,[289]瞿然自失[290],敛容抑志[291]也;素鄙吝者,欲其观古人之贵义轻财,少私寡欲,忌盈恶满,赒穷恤匮[292],赧然悔耻,积而能散也;素暴悍者,欲其观古人之小心黜[293]己,齿弊舌存[294],含垢藏疾[295],尊贤容众[296],苶[297]然沮丧,若不胜衣[298]也;素怯懦者,欲其观古人之达生委命[299],强毅正直,立言必信,求福不回[300],勃然奋厉,不可恐慑也:历兹以往,百行皆然。纵不能淳[301],去泰[302]去甚。学之所知,施无不达。世人读书者,但能言之,不能行之,忠孝无闻,仁义不足;加以断[303]一条讼,不必得其理;宰千户县[304],不必理其民;问其造屋,不必知楣横而棁竖[305]也;问其为田,不必知稷早而黍迟也;吟啸谈谑[306],讽咏辞赋,事既优闲[307],材增迂诞[308],军国经纶[309],略无施用:故为武人俗吏所共嗤诋[310],良[311]由是乎!

夫学者所以求益耳。见人读数十卷书,便自高大,凌忽[312]长者,轻慢同列[313];人疾之如仇敌,恶之如鸱枭。如此以学自损,不如无学也。

古之学者为己,以补不足也;今之学者为人,但能说之也。古之学者为人,行道以利世也;今之学者为己,修身以求进[314]也。夫学者犹种树也,春玩其华,秋登[315]其实;讲论文章,春华也,修身利行,秋实也。

人生小幼,精神专利[316],长成已后,思虑散逸,固须早教,勿失机也。吾七岁时,诵《灵光殿赋》[317],至于今日,十年一理[318],犹不遗忘;二十之外,所诵经书,一月废置,便至荒芜[319]矣。然人有坎壈[320],失于盛年[321],犹当晚学,不可自弃。孔子云:"五十以学《易》,可以无大过矣。[322]"魏武、袁遗[323],老而弥笃,此皆少学而至老不倦也。曾子七十乃学[324],名闻天下;荀卿[325]五十,始来游学,犹为硕[326]儒;公孙弘[327]四十余,方读《春秋》,以此遂登丞相;朱云[328]亦四十,始学《易》《论语》;皇甫谧[329]二十,始受《孝经》《论语》:皆终成大儒,此并早迷而晚寤也。世人婚冠未学，便称迟暮，因循面墙[330]，亦为愚耳。幼而学者，如日出之光，老而学者，如秉烛夜行，犹贤乎瞑目[331]而无见者也。

学之兴废，随世轻重。汉时贤俊，皆以一经弘圣人之道，上明天时[332]，下该[333]人事，用此致卿相者多矣。末俗[334]已来不复尔，空守章句，但诵师言，施之世务[335]，殆无一可。故士大夫子弟，皆以博涉为贵，不肯专儒[336]。梁朝皇孙以下，总卯[337]之年，必先入学，观其志尚，出身[338]已后，便从文史，略无卒业者[339]。冠冕为此者，则有何胤、刘瓛、明山宾、周舍、朱异、周弘正、贺琛、贺革、萧子政、刘绰等[340]，兼通文史，不徒讲说也。洛阳亦闻崔浩、张伟、刘芳[341]，邺下又见邢子才[342]：此四儒者，虽好经术，亦以才博擅名。如此诸贤，故为上品，以外率多田野闲人[343]，音辞鄙陋，风操蛋拙[344]，相与专固[345]，无所堪能，问一言辄酬数百，责其指归[346]，或无要会[347]。邺下谚云："博士[348]买驴，书券三纸[349]，未有驴字。"使汝以此为师，令人气塞[350]。孔子曰："学也禄在其中矣。"今勤[351]无益之事，恐非业也。夫圣人之书，所以设教，但明练经文，粗通注义，常使言行有得，亦足为人；何必"仲尼居"即须两纸疏义[352]，燕寝讲堂，亦复何在？[353]以此得胜，宁有益乎？光阴可惜，譬诸逝水。当博览机要[353]，以济功业；必能兼美[354]，吾无闲[355]焉。

……

邺平之后，见徙入关。思鲁[356]尝谓吾曰："朝无禄位，家无积财，当肆[357]筋力，以申[358]供养。每被课笃[359]，勤劳经史，未知为子，可得安乎？"吾命之曰："子当以养为心，父当以学为教。使汝弃学徇财[360]，丰吾衣食，食之安得甘？衣之安得暖？若务先王之道，绍家世之业，藜羹缊褐[361]，我自欲之。"

……

校定书籍，亦何容易，自扬雄、刘向[362]，方称此职耳。观天下书未遍，不得妄下雌黄[363]。或彼以为非，此以为是；或本同末异；或两文皆欠，不可偏信一隅[364]也。①

注 释

[1] 诚孝：忠孝，《颜氏家训》为作者入隋后所撰写，为了避隋文帝杨忠的名讳，

---

① 王利器.颜氏家训集解[M].上海：上海古籍出版社，1980年：19,22,25,28－32,34－36,53－60,62－64,66,68,141,145,153－154,157,160－161,165－166,169－170,193－194,219.

将"忠"改写为"诚"。

[2] 检:检点,约束。迹:行迹。

[3] 立身扬名:使自己立足于社会,声名远扬。

[4] 已来:以来。

[5] 模敩(xiào):模仿,效仿。敩:通"学",效法。

[6] 犹:如同,好像。屋下架屋,床上施床:比喻重复而无用的行为。耳:而已,罢了。

[7] 轨物范世:作事物的规范,世人的榜样。轨:车行驶的轨迹。范:制造器物的模子。

[8] 业以:表示用它来……,专门用来……。业:事,此处指作家训一事。门内:家庭,家中的人。

[9] 提撕:拉扯,提携,教导,提醒。

[10] 暴:暴躁,胡闹。谑(xuè):本意是指尽兴地游乐,也指取笑作乐。

[11] 师友:泛指可以求教或者互相切磋的人。

[12] 傅婢:富贵人家照管孩子的婢女。

[13] 阋(xì):家庭内部的争斗。

[14] 寡妻:妻子。诲谕:教诲晓喻。谕:使人理解。

[15] 汝曹:你们。

[16] 贤于:胜过,好过。

[17] 风教:风俗教化,此处指家教。整密:严谨,周详。

[18] 龆龀(tiáo chèn):孩童,垂髫换齿之时,用来泛指童年时代。

[19] 温凊(qìng):冬温夏凊的缩略语,冬天为父母暖被,夏天为父母扇席,泛指侍奉父母。凊:寒冷,凉。

[20] 规行矩步:比喻行为端正,合乎法度。

[21] 锵锵翼翼:恭敬谦和地行走。

[22] 朝:朝见,朝拜。严君:此处指尊严的君主,但多用于指父亲。

[23] 优言:褒美之言。

[24] 好尚:爱好和崇尚。

[25] 励:通"砺",磨砺,磨炼。引:引申,发扬。

[26] 恳:真诚,诚恳。笃:忠诚,专一。

[27] 丁:当,遭逢,遇上。荼蓼(tú liǎo):泛指田野沼泽间的杂草,引申为艰

辛,此处指父亲去世家境困苦。

[28] 家涂:家道。

[29] 百口:古代大家庭人口多,故称为百口。索然:零落、无生气的样子。

[30] 鞠:养育,抚养。

[31] 切:严厉。

[32] 礼:《周礼》。传:《左传》。

[33] 微:稍微,略微。属(zhǔ)文:撰写文章。

[34] 砥砺:磨炼,磨砺。

[35] 卒:通"猝",突然。洗荡:去除。

[36] 心共口敌:心中所想和口中所说的不一致。

[37] 性与情竞:理智与情感的相互冲突。性:善的本性。情:情感。

[38] 指:通"旨",旨意,意图,想法。

[39] 铭肌镂骨:形容体会深切。铭、镂都是雕刻的意思。

[40] 后车:借鉴的意思。

[41] 音声:古人称音乐为音声。滋味:美食。

[42] 玉版:古时用以刻字的玉片。版:通"板"。

[43] 金匮:金柜。

[44] 咳䘈:孩提,指幼儿,儿童。

[45] 师保:古时教育皇室贵族子弟的官员。

[46] 凡庶:普通人,平民。纵:即使。尔:如此,这样。

[47] 比及:等到。

[48] 笞(chī)罚:拷打责罚。

[49] 运为:即"云为",指人的言行。

[50] 恣:任凭。

[51] 翻:反转。

[52] 诃:通"呵",呵斥,怒责。

[53] 至有识知:此处指到了懂事的年纪。识知:知识,见识。

[54] 谓法当尔:还以为按照道理本该如此。尔:这样。

[55] 挞:用鞭或杖责打。威:威严,尊严。

[56] 逮:及,达到。

[57] 但:只,仅仅。重:难,不愿意。

[58] 颜色:脸色,神色。

[59] 楚挞:杖打。楚:古人把刑杖叫作楚,后引申为用刑杖打人。

[60] 谕:比喻。

[61] 可愿:岂愿。骨肉:至亲。

[62] 王大司马:王僧辩,字君才,南朝梁人,梁元帝萧绎即位后,被授以大司马。

[63] 湓城:地名,在今江西省九江市。踰:通"逾",越过,超过。

[64] 行路:路人,陌生人。

[65] 摀(yǎn):通"掩",掩盖,遮蔽。文饰:掩饰,修饰。

[66] 冀其自改:希望他能自己改过。冀:希望。

[67] 婚宦:结婚与做官,此处指成年。暴慢:凶残傲慢。滋:滋长。

[68] 周逖(tì):人名,据《陈书》记载,"其人强暴无信义"。衅鼓:古时的一种祭礼,古代战争时,杀人或杀牲以其血涂鼓行祭。

[69] 狎:亲昵而不庄重。

[70] 简:怠慢。

[71] 由命士以上,父子异宫,此不狎之道也:语出《礼记·内则》,意为士大夫阶层以上的人,父子不住在一起,便是防止狎昵的办法。

[72] 抑搔痒痛,悬衾箧(qīn qiè)枕,此不简之教也:语出《礼记·内则》,指为父母按摩抓搔,铺床叠被,这就是不简慢礼节的方法。抑搔:按摩抓搔。衾:被子。箧:小箱子。

[73] 陈亢:孔子的学生陈子禽。君子:此处指孔子。

[74] 通言:互通言语,相互谈论。

[75] 母弟:同母所生的弟弟。

[76] 准:比照,参照。

[77] 黠:聪明。

[78] 礼数:古代的礼仪制度。优僭(jiàn):超越本分。

[79] 十许岁:十岁左右。许:表示略微估计的词。

[80] 拟:模仿,效仿。乘舆(shèng yú):古代特指皇帝或诸侯所乘坐的车子,泛指皇帝用的器物。

[81] 典御:古代主管帝王饮食的官员。钩盾:古代主管皇家园林等事项的官员。

[82] 诟(gòu):通"诟",辱骂。

[83] 至尊:至高无上的地位,此处指皇帝。何意:何故,为什么。

[84] 分齐:分际,分寸,指身份地位上的差别。

[85] 叔段:春秋初年郑庄公之弟,据《左传·隐公元年》记载,叔段自幼因其母偏宠而骄横,终发动叛乱,被庄公平定,投奔至共,因而又被称为共叔或共叔段。州吁:春秋时卫庄公之子,据《左传·隐公三、四年》记载,州吁自幼深得父亲宠幸,骄纵凶残,杀其哥哥卫桓公自立,不久也被杀害。

[86] 嫌:有嫌隙,仇怨。矫诏:伪造或者篡改皇帝的诏书发布诏令。

[87] 坐:犯罪,牵连治罪。幽薨(hōng):王侯被囚禁而死。

[88] 罕:少。均:均等。

[89] 顽鲁:顽劣愚钝。矜怜:怜悯,同情。

[90] 赵王:汉高祖刘邦之子刘如意,因其母受宠被封为赵王,并欲立其为太子,因吕后反对而未成,刘邦死后,吕后即毒死刘如意。

[91] 刘表:东汉末年的将领。据《后汉书·刘表传》载,刘表有二子,其后妻偏宠次子而厌恶长子,刘表病重,其妻将来探视的长子拒之门外,并立次子为继承人,而致兄弟反目。刘表死后,长子逃亡,次子向曹操投降。

[92] 袁绍:东汉末年的将领。据《后汉书·袁绍传》载,袁绍有三子,其妻偏宠三子袁尚,致兄弟不和。袁绍突发病而死,未确定继承人,亲近袁尚者假传袁绍遗命,将袁尚推为继承人,终致兄弟反目,兵戎相见,而被曹操各个击破。

[93] 灵龟:古时用以占卜。明鉴:引申为可供借鉴之事。鉴:镜子。

[94] 书疏:书奏,信函。

[95] 伏事:服事。伏:通"服"。

[96] 时:当时,当下。

[97] 风化:教育感化。

[98] 陵:通"凌",侵犯,欺凌。

[99] 戮:杀。摄:通"慑",使畏惧。

[100] 废:不用,没有这么做。

[101] 竖子:童仆。过:过错,失误。见:通"现",出现。

[102] 刑罚不中,则民无所措手足:语出《论语·子路》,意为如果刑罚使用不当,老百姓就会手足无措。中:适当,合适。措:安放。

[103] 宽猛:宽大和严厉。

[104] 奢则不孙,俭则固;与其不孙也,宁固:语出《论语·述而》,意为奢侈就会不谦逊,省俭就显得鄙陋。孙:通"逊",谦逊,恭顺。固:鄙陋,简陋。

[105] 如有周公之才之美,使骄且吝,其余不足观也已:语出《论语·泰伯》,意为一个人即便有周公那样杰出的才能,但如果他既骄纵又吝啬,那么他的所谓的才能也就不足为道了。不足观:不值得称道的意思。已:表示确定的语气。

[106] 生民:人民。

[107] 豚:本意指小猪,此处泛指猪。善:通"膳",饭食,这里指佳肴。

[108] 埘(shí):在墙壁上凿成的鸡窝。圈(juàn):喂养家畜的栅栏,猪羊的圈。

[109] 爰(yuán)及:至于。栋宇:泛指房屋。器械:泛指用具。

[110] 樵苏:充当燃料的柴草。脂烛:用油脂做的蜡烛。

[111] 莫非:没有不是。殖:通"植"。

[112] 为生之具:维持生活的必需之物。

[113] 家无盐井:家中不能产盐的意思。盐井:产盐的井。

[114] 赡(shàn):供给。

[115] 梁孝元:梁元帝萧绎。

[116] 严刻:严苛,严厉苛刻。

[117] 货:贿赂,买通。

[118] 名士:旧时指以诗文著称的知名人士。

[119] 饷馈:馈赠的食物。

[120] 减损:减少。此处指克扣,减少。

[121] 施惠:给人以恩惠。然诺:应允,许诺。

[122] 节量:节制度量,限量。

[123] 乡党:周制以五百家为党,一万二千五百家为乡,后以"乡党"泛指乡里乡亲。

[124] 蠹(dù):蛀虫,此处指祸害,比喻祸国殃民的人和事。

[125] 霖雨:连绵大雨。

[126] 籴(dí):买进粮食。

[127] 因:趁机。

[128] 寄人宅:把房子借给别人住。

[129] 彻:通"撤",拆除。略尽:将近。

[130] 颦蹙(pín cù):皱眉皱额,比喻忧愁不乐。
[131] 裴子野:南朝梁人,字几原,河东闻喜(今山西省闻喜县)人,以孝行著称。
[132] 躬自:亲自,自己。
[133] 肴膳:饭菜。
[134] 率(lǜ):标准,规格。
[135] 兼:增加,加倍。
[136] 坐事:因事获罪。伏法:因犯罪而被依法处以死刑。
[137] 籍:籍没,登记没收所有的财产。
[138] 弊衣:本意指破旧的衣物,此处泛指衣物。弊:通"敝",破旧,破烂。
[139] 奥博:深藏广蓄,积累富厚。
[140] 谒:进见,拜见。
[141] 瓯(ōu):古代的酒器。
[142] 脔(luán):切成小片的肉。
[143] 单率(dān lǜ):单薄简率,不丰盛的意思。
[144] 俯仰:随便应付。益:增加,添加。
[145] 中馈:家庭中的饮食之事。事:操办,从事。预政:参与政事。干蛊:主持事务。
[146] 君子:此处指妇女的丈夫。
[147] 牝(pìn)鸡晨鸣:旧时比喻妇女窃权乱政。
[148] 婚姻:此处指由于婚姻关系而结成的亲戚,即儿女亲家。
[149] 信命:派人传送音信。遗(wèi):赠予,送给。
[150] 造:前往。请:拜见,谒见。逢迎:迎接。
[151] 车乘(shèng):马拉的车,此处指北齐贵族妇女乘坐的车。衢:四通八达的道路。
[152] 绮罗:有花纹的高级丝织品,此处指穿着华丽衣服的北齐贵族妇女。府寺:古代公卿的官舍。
[153] 恒、代之遗风:此处指北魏鲜卑族的旧习俗。
[154] 南间:南方,指南北朝时期的南朝地区。贫素:家世清贫的人家。
[155] 河北:今河北以及河南、山东古黄河以北的地区。人事:交际应酬之事。
[156] 内政:此处指主持家务的妇女。

[157] 金翠:用黄金和翡翠制成的妇女饰品。
[158] 废阙(quē):短缺,缺少。阙:通"缺"。
[159] 羸(léi):瘦弱。悴(cuì):憔悴。
[160] 充:充数。
[161] 倡和:夫唱妇和。
[162] 尔汝:夫妇间交谈时以"尔""汝"相称,这在古时封建贵族家庭中是不敬的表现,但当时的河北贵族家庭并不拘泥于此。
[163] 织纴(rèn)组紃(xún):泛指妇女从事的纺织女工之事。
[164] 黼黻(fǔ fú)锦绣罗绮:泛指妇女从事的刺绣之类的事情。
[165] 太公:姜太公。
[166] 蒸民:众民,百姓。蒸:通"烝",众多。
[167] 举:抚养,养育。
[168] 贼:杀害,残害。行:施加于。
[169] 饶:富有,多。妓:家妓。媵(yìng):妾。
[170] 阍(hūn)竖:看门的童仆。
[171] 辄:就,立即。持将去:此处指把刚出生的女婴抱出去扔掉。持:携带,挟持。
[172] 率:通常。子婿:女婿。
[173] 行:女儿出嫁。留:娶儿媳入门。
[174] 落索阿姑餐:婆婆吃顿饭都要受到冷落。落索:冷落,萧索。阿姑:丈夫的母亲,即婆婆。
[175] 对:对当,为"门当户对"的"对"。成规:前人制定的规章制度,这里指立下的规矩。
[176] 卖女纳财:嫁女收受彩礼,就等于卖出女儿,即纳财之意。买妇输绢:娶儿媳妇向女方送厚礼,就等于买进媳妇,即输绢之意。比量:比较。计较:争辩,较量。责:索取,求取。还:回报,偿还。
[177] 猥:卑污,下流。擅:独揽,操纵。
[178] 百行:此处指封建士大夫应该具备的各种好的行为。
[179] 济阳:古县名,在今河南省兰考县东北部。江禄:南朝梁人。
[180] 竟:结束,完毕,终了。
[181] 虽:使。急速:指突然发生的事情。

[182] 卷束：将读过的书卷好并束起来。

[183] 假：借。

[184] 部帙：书籍的部次卷帙。

[185] 点：通"玷"。

[186] 累德：有损于道德。累：连累，损害。

[187] 秽用：用于污秽的地方。

[188] 觋(xí)：男巫师。祷请：向鬼神祈祷请求。

[189] 符书：道士用墨在纸上画的用以驱使鬼神治病延年的神秘文书。章醮(jiào)：僧道设坛祭神。

[190] 郑重：频繁，反复多次，此处表示一一列举的意思。

[191] 切要：要领，纲要。

[192] 启寤(wù)：启发使觉悟。寤：通"悟"，觉醒。

[193] 冠婚：冠礼与婚礼，指人已成年。冠：古代男子二十岁要举行加冠礼，表示已成年。

[194] 体性：体质性情。

[195] 因：趁。天机：天赋的灵机。

[196] 倍：加倍。训诱：训导教诲。

[197] 素业：清素之业，旧时指儒业。

[198] 履立：操守。

[199] 自兹：从此。堕慢：懒惰，怠慢。堕：通"惰"，懒惰，懈怠。

[200] 会当：应当。会：合，应。业：职业。

[201] 计量：计较商量，盘算筹划。

[202] 商贾：商人的统称。货贿：财物，这里指发财之道。

[203] 工巧：能工巧匠。器用：器皿用具。

[204] 伎艺：技艺，此处指拥有技艺的人。伎：通"技"。沈：通"沉"。法术：方法技术。

[205] 耻：耻于，指以干某事为耻。

[206] 差：缺少，欠。

[207] 札：古代铠甲上的金属叶片。

[208] 忽忽：空虚恍惚，迷糊。

[209] 销日：消磨时日。

[210]终年:终其天年,至死时。

[211]余绪:留传给后世的部分,此处指祖上的荫庇,即魏晋南北朝时期世家大族子弟所享有的特权。

[212]一阶半级:一官半职。阶:官阶。级:等第,品级。

[213]蒙然:迷糊,蒙昧。张口:因惊愕而说不出话来的样子。

[214]塞默:沉默,说不出话来的样子。

[215]欠:打呵欠。伸:伸懒腰。

[216]有识:有识之士,有见识的人。

[217]入地:感到羞愧无脸见人,恨不得找地缝钻进去。

[218]贵游子弟:本指无官职的贵族子弟,此处指魏晋南北朝时期的士族子弟。

[219]上车不落则著作,体中何如则秘书:上车不掉下来就可以当著作郎,提笔能写字就可以做秘书郎。著作:著作郎,官名。秘书:秘书郎,官名。著作、秘书均为清贵官,南朝时多以贵游子弟充任。

[220]棋子方褥:以织成围棋盘那样的方块图案的布料制成的方形坐垫。

[221]凭:靠着。斑丝:染色丝。隐囊:一种软性靠垫,即今日之靠枕。

[222]顾:通"雇",雇用。答策:回答策试秀才、孝廉的问题。

[223]三九:三公九卿,泛指朝廷显贵。公宴:公众宴请。

[224]假手:本意是利用他人为自己办事,此处指请人代笔。

[225]快士:佳士,优秀的人。

[226]朝市:朝廷。迁革:变革,变化。

[227]铨衡:本指衡量轻重的器具,引申为主管官吏选拔的职位。选举:选拔人才。

[228]曩(nǎng):以往,从前,过去的。

[229]当路:当道,当权。秉权:掌权。

[230]被(pī):穿,披。褐:古时贫贱之人穿粗布短衣。丧珠:内里没有珠玉,此处指没有本领。

[231]失皮而露质:失去了华丽的外表,便显露出无能的本质。

[232]兀:茫然无知的样子。

[233]泊:停留,停顿。穷流:干枯的水流。

[234]鹿独:落拓,颠沛流离。

［235］转死沟壑：弃尸于山沟水渠。转死：死而弃尸。

［236］驽材：蠢材，能力低下的人。驽：本指劣马，这里比喻才能低下。

［237］触地：到处，随处，无论何地。

［238］百世小人：世世代代都出身于庶族寒门的人。

［239］千载：世代的意思。冠冕：仕宦之家。

［240］书记：书写记事、起草文书的能力。

［241］小人：平民百姓。

［242］《六经》：《诗》《书》《礼》《乐》《易》《春秋》六部儒家经典，此处泛指经书。指：通"旨"，要旨，主旨。

［243］敦厉：劝勉，勉励。

［244］营馔：置办膳食。

［245］羲、农：伏羲、神农，均为远古传说中的古代帝王。

［246］有客难(nàn)主人：此句为假设，假设客人问难以引出主人的回答，是一种借以阐述作者观点的写作手法。难：诘责，诘难，质问。主人：此处指颜之推的自称。

［247］弩：古兵器名，是一种利用机械力量将箭射出的兵器。戟：古兵器名，是矛和戈的合体，兼有矛的直刺、戈的横击两种功能。

［248］文：文饰，阐释。义：即"仪"，礼仪，法度。习吏：研习为官之道。

［249］匡时：匡正时世，挽救时局。匡：纠正，救助。

［250］穷：困厄。达：显达。

［251］磨莹：磨治使之光亮。

［252］矿璞：未经炼制的铜铁矿石。

［253］咋(zé)笔：操笔，古时使用毛笔时文人习惯咬笔杆，因而有此说法。咋：啃咬。

［254］角立：卓然特立。芝草：灵芝，古人视其为罕见的祥瑞之物。

［255］素：素绢，古人用白色的生绢来书写，此处指书。黄：黄卷，古代一种涂了防虫物质的用来书写的纸，此处也指书。

［256］苦辛无益者：含辛茹苦而没有任何益处的人。日蚀：日食，此处是稀少、不常见的意思。

［257］逸乐名利者：追求名利耽于享乐的人。秋荼：荼到秋天便愈加繁茂，此处用以比喻繁多。

[258] 同年而语：同日而语、相提并论的意思。

[259] 悬：凭空。

[260] 佳快：优秀。

[261] 矟(shuò)：古兵器名，长矛。

[262] 比量：比较衡量。逆：违背时势人心。顺：顺乎时势人心。

[263] 鉴达：明察通晓。

[264] 至：最高境界，最高水平。

[265] 私财不入：不将财物据为私有，即不贪赃。

[266] 夙：早。

[267] 刑物：给人做出榜样。刑：通"型"，浇铸器物的模子。

[268] 执辔(pèi)如组：驾马像编织丝带那样有条理，此处用来比喻善于治理百姓。辔：驾驭牲口用的嚼子和缰绳。组：丝织带。

[269] 反风灭火：语出《后汉书·儒林传》，刘昆任江陵令时，县里遭遇连年火灾，刘昆向火叩头，多能降雨止风，使大火熄灭，这是江陵人为其制造的神话传说，意为刘昆的德政感动了上天。

[270] 化鸱(chī)为凤：语出《后汉书·循吏传》，仇览任蒲亭长，境内有个名叫陈元的人不孝敬其母，经仇览劝导后，终使陈元感化而成为孝子，当地人歌颂仇览能将鸱鸮(xiāo)教化好。鸱：古书上指鸱鹰，古人视为恶鸟。

[271] 抱令守律：严守刑法律令。令：法令，命令。律：法令，规则。

[272] 早刑晚舍：上午判刑，晚上赦免。刑：判刑。舍：通"赦"，赦免。

[273] 平狱：公正判案。

[274] 同辕观罪：据《左传·成公十七年》记载，春秋时代晋国的郤犫(xī chōu)为人贪婪，要霸占长鱼矫的田产，就把长鱼矫及其妻子母亲拴在同一辆车的车辕上，两家从此结仇，最后长鱼矫伙同国君及其他人把郤犫家族灭绝了，后用来形容小矛盾酿成灭门大案。

[275] 分剑追财：据《太平御览》卷六三九引《风俗通》记载，西汉何武任沛郡太守，郡内有一富人，妻子先死，自己死时儿子年幼，女儿已嫁但不贤，于是就假意把全部财产都传给了女儿，只给儿子留下一把剑，并叮嘱等儿子十五岁时再将剑传给他。等到儿子十五岁时，女儿连剑也不给了，儿子就告到何武那里，何武认为，当初富人把财产传给女儿，就是害怕不传女儿要害死儿子，叫十五岁时给，就是估计儿子到十五岁已有能力诉讼，于是就把财产全部判给了儿子。后用来形容通过微

词判断案情的隐情。

[276] 假言而奸露:据《魏书·李崇传》载,李崇任北魏扬州刺史时,有一个名叫苟泰的人,他三岁的儿子丢失了,被同县人赵奉伯收养,后双方争夺这个儿子,告到李崇那里。李崇便叫人把孩子藏起来,过些时候假意对双方说,孩子已暴死,苟泰听了以后放声大哭,赵奉伯只是叹息,于是李崇就判定苟泰是孩子的亲生父亲,将孩子判还给他。

[277] 不问而情得:据《晋书·陆云传》载,陆云任浚义令时,有人被杀,陆云便将此人的妻子关起来,但又不讯问,过了几天又将其妻放掉,并派人暗中跟踪,没出多远,便捉到了一个等候的男子,原来该男子就是与女人私通并杀害其丈夫的奸夫。察:明察,知晓。

[278] 厮役:服劳役干杂事的人。

[279] 开心:开通心窍。明目:明亮双眼。

[280] 先意:揣摩父母的意思。承颜:顺承父母的脸色。

[281] 怡声:说话柔声细语。下气:呼吸不出声,表示极其恭顺的样子。

[282] 劬(qú):劳苦,勤劳。

[283] 甘腝(ruǎn):鲜美柔软的食物。

[284] 侵:侵官,越权侵犯人家的职守。

[285] 见危授命:语出《论语·宪问》,指遇到危难时不惜付出自己的生命。

[286] 社稷:古时作为国家的代称。

[287] 恻:悲伤,凄怆。

[288] 卑以自牧:出自《易·谦》,指谦卑以修养自己的德行。牧:养。

[289] 礼为教本,敬者身基:语出《左传·成公十三年》,意为以礼让为政教的根本,以恭敬为立身的基础。

[290] 瞿然:惊变的样子。自失:茫然不知所措的样子。

[291] 敛容:正容以表示肃静。抑志:抑制高昂的志气。

[292] 赒(zhōu):通"周",周济,救济。匮:匮乏,缺乏。

[293] 黜:贬抑。

[294] 齿弊舌存:语出《说苑·敬慎》,意为牙齿坚硬但先脱落,舌头柔软反倒能久存。

[295] 含垢藏疾:对别人的缺点毛病包容而不指出,古人认为这是一种美德。垢:污秽。疾:毛病。

[296] 尊贤容众:对贤人尊重,对普通人也能包容。
[297] 苶(nié):疲倦,精神不振的样子。
[298] 不胜衣:谦恭退让的样子。
[299] 达生:参透人生,通晓人生的意义而不怕死的状态。委命:一切听凭天命,也用来形容不怕死的样子。
[300] 求福不回:祈求福运而不违背先祖之道。
[301] 淳:通"纯",纯粹,纯正。
[302] 泰:过分,过甚。
[303] 断:判断。
[304] 宰:主宰,主管。千户县:有一千户人的县。
[305] 楣:房屋的横梁。棳(zhuō):梁上的短柱,是竖着的。
[306] 啸:人撮口时发出的清亮的声音,即现在所说的吹口哨。谑:开玩笑。
[307] 优闲:悠闲。
[308] 迂诞:迂阔荒诞。
[309] 军国:军务与国政,指统治国家。经纶:本意指整理丝缕,此处引申为处理国家大事。
[310] 嗤:耻笑,讥笑。诋:诋毁,毁谤。
[311] 良:确,真。
[312] 凌:通"陵",欺凌。忽:忽视,轻视。
[313] 同列:古时同朝在班,即同事。
[314] 进:仕进,做官。
[315] 登:成熟收获。
[316] 专利:专注,专一。
[317] 《灵光殿赋》:灵光殿历经战乱到东汉时仍巍然屹立,东汉王延寿为此作了《鲁灵光殿赋》。灵光殿:为西汉宗室鲁恭王所建,旧址在今山东曲阜东。
[318] 理:此处意为温习。
[319] 荒芜:本意指田地杂草丛生,此处引申为对书本知识的生疏。
[320] 坎壈(kǎn lǎn):困顿,不得志。
[321] 失于盛年:此处指失学于盛年,即在青壮年时失去了求学的机会。
[322] 五十以学《易》,可以无大过矣:语出《论语·述而》,指到五十岁的时候去学习《易经》,就可以没有大过错了。

[323] 魏武：魏武帝曹操。袁遗：袁绍的堂兄，字伯业，东汉人。

[324] 曾子七十乃学：曾参并非到了七十才学，宋人的《类说》引用《颜氏家训》写作"十七"。曾参比孔子小四十六岁，由此推断，其向孔子求学时，应当是少年，故应为"十七"。然而，古人十七岁已到入仕之年，因此作者认为十七岁才求学算是晚学了。曾子：孔子的学生曾参。

[325] 荀卿：荀况，战国思想家、教育家。

[326] 硕：大。

[327] 公孙弘：西汉大臣，字季，因熟悉文法吏治被汉武帝任为丞相，封平津侯。

[328] 朱云：字游，西汉鲁人，西汉元帝、成帝时经学家。

[329] 皇甫谧：字士安，安定朝那（今甘肃省平凉市西北）人，魏晋间医学家、学者。

[330] 因循：沿袭守旧，疲沓不振作。面墙：面对墙壁一无所知，比喻不学无术。

[331] 瞑目：闭上眼睛。

[332] 上明天时：通晓西汉时所提倡的"天人感应"，能说明天象变化与人间政事的关系。

[333] 该：贯通。

[334] 末俗：末世的习俗，一般都是指不好的习俗。

[335] 世务：谋生治世之事。

[336] 专儒：专攻一经。

[337] 总丱（guàn）：此处指幼年、童年。总：拢束，收拢起来。丱：古代儿童束的上翘的两只角辫的样子。

[338] 出身：出仕，开始做官。

[339] 略无：毫无，很少有。卒业：完成学业。

[340] 何胤：字子季，南朝梁人。刘瓛（huán）：字子珪，南齐学者，笃志好学，博通训议。明山宾：字孝若，南朝梁人，博通经传。周舍：字升逸，南朝梁人，博学多通，尤精义理。朱异：字彦和，南朝梁人，遍治五经，涉猎文史，兼通杂艺。周弘正：字思行，南朝陈人，精通《老子》《周易》。贺琛：字国宝，南朝梁人，通义理，精"三礼"。贺革：字文明，南朝梁人，少通"三礼"，及长，遍览《孝经》《论语》《毛诗》《左传》。萧子政：梁朝官吏。刘绦（tāo）：字言明，南朝梁人，通"三礼"。

[341] 崔浩:字伯渊,北魏大臣,博览经史。张伟:字仲业,北朝北魏人,学通诸经。刘芳:字伯文,北朝北魏人,精通经义,尤长音训。

[342] 邢子才:字子才,北朝北齐人,十岁能属文,后广寻经史,过目不忘。

[343] 田野闲人:村夫庸人。

[344] 蚩:通"媸",丑陋,愚昧。拙:笨拙。

[345] 专固:专断,顽固。

[346] 指归:主旨,要旨。

[347] 要会:要旨。

[348] 博士:此处泛指治经学的人。

[349] 券:买卖的契约。三纸:三张纸。

[350] 气塞:沮丧得说不出话来。

[351] 勤:致力于。

[352] "仲尼居":《孝经》第一章的开篇,仲尼即孔子。疏义:疏通和阐发文义。

[353] 燕寝讲堂,亦复何在:不论("仲尼居"的地方)是休息的内室还是讲堂,反正如今都不存在了,争论还有什么意义呢。燕寝:休息的内室。讲堂:讲习之所。

[353] 机要:机微精要的东西,要旨。

[354] 兼美:两全其美。

[355] 闲:嫌隙,这里是批评的意思。

[356] 思鲁:颜之推的长子颜思鲁。

[357] 肆:极,尽。

[358] 申:表达。

[359] 课:按照规定的内容分量进行讲授学习。笃:通"督",督促,视察。

[360] 弃学徇财:放弃学业,以身求财。徇:通"殉"。

[361] 藜羹:用嫩藜煮成的汤羹,多用以形容粗劣的饭菜。缊(yùn)褐,粗麻制成的短衣。缊:乱麻,旧絮。

[362] 扬雄:字子云,西汉大文学家、哲学家、语言学家。刘向:字子政,西汉经学家、目录学家、文学家。

[363] 雌黄:本意指一种矿物质,可用以制作黄色的颜料,古人用黄纸书写,如写错字则需用雌黄涂改,因而将校改书籍称为"雌黄"。

[364] 一隅:一个角落,一个方面。

> 解 读

《颜氏家训》以儒家礼法制度和伦理道德规范作为其家庭教育思想的基础,《颜氏家训》全书共二十篇,从家庭、家政、修身、勉学等方面详细论述,向子弟传授为人处世之道和修身治家之方。

《序致》开篇说明全书的宗旨,《教子》《兄弟》《后娶》《治家》《风操》《慕贤》《终制》主要通过阐述家庭伦理关系及相处准则,讲述治家之道;《勉学》《文章》主要就如何培养崇高的道德、树立勤奋求知的人生态度和形成良好的文风等方面论述培养子弟成材之道;《务实》《涉务》《省事》《止足》四篇教育子弟观察、处理问题的方式方法;《归心》崇尚佛道;《诫兵》《养生》两篇着重讲述处世养生之道;《书证》《音辞》《杂艺》则介绍了考据学、音韵学及其他各种杂艺知识。

《颜氏家训》自隋以后,对后人产生了深远的影响,但因其时代及作者本人的人生经历之局限,该书与其他古代典籍一样,精华与糟粕并存,需要后人辩证地加以看待。

(编注:高芳卉　校对:金　铭)

帝 范(节选)

〔唐〕李世民

作者简介

李世民(599—649),唐朝第二位皇帝,陇西狄道(今甘肃省临洮县)人。杰出的政治家、战略家、军事家。公元626—649年在位,选贤任能,励精图治,形成了历史上政治清明、经济繁荣、民族关系和谐的"贞观之治"。

导读

《帝范》书成于贞观二十二年(648),是唐太宗李世民自撰的论述人君之道的一部政治文献,是我国历史上第一部系统化的帝王家训。该书除"前序"及"后序"外,共四卷十二篇,包括"君体""建亲""求贤""审官""纳谏""去谗""诫盈""崇俭""赏罚""务农""阅武""崇文",是唐太宗对自己马上争天下、马下治天下的人生经历总结,着重阐述为君治国之道,论述极为详尽,几乎讲到了做皇帝应该注意的方方面面,对后世的帝王家训影响很大。

原文

序

序曰:朕闻大德曰生,大宝曰位。[1]辨[2]其上下,树[3]之君臣,所以抚育黎元[4],钧陶庶类[5],自非克明克哲,允武允文,皇天眷命,历数在躬,安可以滥握灵图,叨临神器![6]是以翠妫荐唐尧之德[7],元圭锡夏禹之功[8]。丹字呈祥,周开八百之祚;[9]素灵表瑞,汉启重世之基。[10]由此观之,帝王之业,非可以力争者矣。

昔隋季版荡[11],海内分崩。先皇以神武之姿,当经纶之会,斩灵蛇而定王业,启金镜而握天枢。[12]然由五岳含气,三光戢曜,豺狼尚梗,风尘未宁。[13]朕以弱冠之年,怀慷慨之志,思靖大难以济苍生。[14]躬擐甲胄,亲当矢石。[15]夕对鱼鳞之阵,朝临鹤翼之围,[16]敌无大而不摧,兵何坚而不碎,剪长鲸而清四海,扫欃枪而廓八纮。[17]乘庆天潢,登晖璇极,袭重光之永业,继大宝之隆基。[18]战战兢兢,若临深而御朽;日慎一日,思善始而令终。[19]

汝以幼年,偏钟慈爱,义方多阙,庭训有乖。[20]擢自维城之居,属以少阳之任,未辨君臣之礼节,不知稼穑之艰难。[21]朕每思此为忧,未尝不废寝忘食。自轩昊已降[22],迄至周隋,以经天纬地之君,纂业承基之主,兴亡治乱,其道焕焉。[23]所以披镜前踪,博览史籍,聚其要言,以为近诫云耳。[24]

卷 一

君体第一

夫人者国之先,国者君之本。人主[25]之体,如山岳焉,高峻而不动;如日月焉,贞明而普照。兆庶[26]之所瞻仰,天下之所归往。宽大其志,足以兼包;平正其心,足以制断。[27]非威德无以致远,非慈厚无以怀人。[28]抚九族以仁,接大臣以礼。奉先思孝,处位思恭,倾己勤劳,以行德义,此乃君之体也。

建亲第二

夫六合旷道,大宝重任。[29]旷道不可偏制,故与人共理之;重任不可独居,故与人共守之。是以封建亲戚[30],以为藩卫,安危同力,盛衰一心。远近相持,亲疏两用,[31]并兼路塞,逆节不生。[32]

昔周之兴也,割裂山河,分王宗族。内有晋郑之辅,外有鲁卫之虞,[33]故卜祚灵长,历年数百。[34]

秦之季也,弃淳于之策,纳李斯之谋,[35]不亲其亲,独智其智,颠覆莫恃,二世而亡。[36]斯岂非枝叶不疏,则根柢难拔;股肱既殒,则心腹无依者哉![37]

汉初定关中,诚亡秦之失策,广封懿亲,过于古制。[38]大则专都偶国[39],小则跨郡连州,末大则危,尾大难掉。[40]六王怀叛逆之志,七国受铁钺之诛,[41]此皆地广兵强,积势之所致也。

魏武创业,暗于远图,[42]子弟无封户之人,宗室无立锥之地,[43]外无维城以自固,内无磐石以为基。[44]遂乃大器保于他人,社稷亡于异姓。[45]

语曰:"流尽其源竭,条落则根枯。[46]"此之谓也。夫封之太强,则为噬脐之患[47];致之太弱,则无固本之基。由此而言,莫若众建宗亲而少力,[48]使轻重相镇,忧乐是同。[49]则上无猜忌之心,下无侵冤[50]之虑。此封建之鉴也。

斯二者安国之基。君德之宏,唯资博达,[51]设分悬教,以术化人,应务适时,以道制物。[52]术以神隐为妙,道以光大为功。[53]括苍旻以体心,则人仰之而不测;包厚地以为量,则人循之而无端。[54]荡荡难名,宜其宏远。[55]且敦穆九族,放勋流美于前;克谐烝乂,重华垂誉于后。[56]无以奸破义,无以疏间亲,察之以德,则邦家俱泰,骨肉无虞,良为美矣。[57]

求贤第三

夫国之匡辅,必待忠良,[58]任使[59]得人,天下自治。故尧命四岳,舜举八元,以成恭己之隆,用赞钦明之道。[60]士之居世,贤之立身,莫不戢[61]翼隐鳞,待风云之会;怀奇蕴异,思会遇之秋。[62]是明君旁求俊乂,博访英贤,搜扬侧陋,[63]不以卑而不用,不以辱而不尊。

昔伊尹、有莘之媵臣,吕望、渭滨之贱老,[64]夷吾困于缧绁[65],韩信弊于逃亡。商汤不以鼎俎为羞,姬文不以屠钓为耻,终能献规景亳,光启殷朝;执旌牧野,会昌周室。[66]齐成一匡之业,实资仲父之谋;汉以六合为家,是赖淮阴之策。[67]

故舟航之绝海也,必假桡楫之功;鸿鹄之凌云也,必因羽翮之用;帝王之为国也,必藉匡辅之资。[68]故求之斯劳,任之斯逸。[69]照车十二[70],黄金累千,岂如多士之隆,一贤之重。此乃求贤之贵也。

卷 二

纳谏第五

夫王者高居深视,亏听阻明,[71]恐有过而不闻,惧有阙而莫补。[72]所以设鞀树木,思献替之谋;倾耳虚心,伫忠正之说。[73]言之而是,虽在仆隶刍荛,[74]犹不可弃也;言之而非,虽在王侯卿相,未必可容[75]。其义可观,不责其辩;其理可用,不责其文。[76]至若折槛怀疏,标之以作戒;引裾却坐,显之以自非。[77]故云:忠者沥其心,智者尽其策。[78]臣无隔情于上,君能遍照于下。[79]

昏主则不然,说者拒之以威,劝者穷之以罪。大臣惜禄而莫谏,小臣畏诛而不言。恣暴虐之心,极荒淫之志,[80]其为壅塞,无由自知。[81]以为德超三皇,材过五帝。至于身亡国灭,岂不悲哉! 此拒谏之恶也。

去谗第六

夫谗佞之徒,国之蟊贼也。[82]争荣华于旦夕,竞势利于市朝。以其谄谀之姿,恶忠贤之在己上;[83]奸邪之志,恐富贵之不我先。[84]朋党相持,无深而不入;比周相习,无高而不升。[85]令色巧言,以亲于上;先意承旨,以悦于君。[86]朝有千臣,昭公去国而不悟;弓无九石,宁一终身而不知。[87]以疏间亲,宋有伊戾之祸;以邪败正,楚有郤宛之诛。[88]斯乃暗主庸君之所迷惑,忠臣孝子之可泣冤。

故藂兰欲茂,秋风败之;王者欲明,谗人蔽之。[89]此奸佞之危也。斯二者危国之本。

砥躬砺行,莫尚于忠言;败德败正,莫踰于谗佞。[90]今人颜貌同于目际,犹不自瞻,[91]况是非在于无形,奚能自睹? 何则[92]? 饰其容者皆解窥于明镜,修其德者不知访于哲人。讵目庸愚,何迷之甚![93]良由逆耳之辞难受,顺心之说易从。彼难受者,药石之苦喉也;此易从者,鸩毒之甘口也![94]明王纳谏,病就苦而能消;暗主从谀,命因甘而致殒[95]。可不诫哉! 可不诫哉!

卷 三

诫盈第七

夫君者俭以养性,静以修身。俭则人不劳,静则下不扰。人劳则怨起,下扰则政乖[96]。人主好奇技淫声,鸷鸟猛兽,游幸无度,田猎不时。[97]如此则徭役烦[98],徭役烦则人力竭,人力竭则农桑废焉。人主好高台深池,雕琢刻镂,珠玉珍玩,黼黻絺绤[99],如此则赋敛重,赋敛重则人才遗,人才遗则饥寒之患生焉。乱世之君,极其骄奢,恣其嗜欲,土木衣缇绣,而人裋褐不全;犬马厌刍豢,而人糟糠不足。[100]故人神怨愤,上下乖离,佚乐未终,[101]倾危已至。此骄奢之忌也。

崇俭第八

夫圣世之君,存乎节俭。富贵广大,守之以约[102];睿智聪明,守之以愚。不以身尊而骄人，不以德厚而矜物。[103]茅茨不剪，采椽不斫，舟车不饰，衣服无文，土阶不崇，大羹不和。[104]非憎荣而恶味，[105]乃处薄而行俭。故风淳俗朴，比屋可封[106]，斯二者荣辱之端[107]，奢俭由人，安危在己。五关近闭，则嘉命远盈；千欲内攻，则凶源外发。[108]是以丹桂抱蠹，终摧荣耀之芳；朱火含烟，遂郁凌云之焰。[109]以是知骄出于志，不节则志倾；欲生于心，不遏则身丧。[110]故桀纣肆情而祸结，尧舜约己而福延，可不务乎？

卷　四

崇文第十二

夫功成设乐，治定制礼。[111]礼乐之兴，以儒为本。宏风导俗，莫尚于文；敷教[112]训人，莫善于学。因文而隆道，假学以光身。[113]不临深溪，不知地之厚；不游文翰，不识智之源。然则质蕴吴竿，非笴羽不美；性怀辨慧，非积学不成。[114]是以建明堂，立辟雍，[115]博览百家，精研六艺，端拱而知天下，[116]无为而鉴古今。飞英声，腾茂实，[117]光于不朽者，其唯学乎？此文术也[118]。斯二者递为国用[119]。

至若长气亘地，成败定乎锋端；[120]巨浪滔天，兴亡决乎一阵。当此之际，则贵干戈，而贱庠序[121]。及乎海岳既晏，波尘已清，偃七德之余威，敷九功之大化。[122]当此之际，则轻甲胄，而重诗书。是知文武二途，舍一不可；与时优劣，各有其宜。武士儒人，焉可废也。

此十二条者，帝王之大纲也。安危兴废，咸在兹焉。古人有云，非知之难，惟行之不易；行之可勉，惟终实难。[123]是以暴乱之君，非独明于恶路；圣哲之主，非独见于善途。良由大道远而难遵，邪径近而易践。[124]小人俯从其易，不得力行其难，故祸败及之；君子劳处其难，不能力居其易，故福庆流之。[125]故知祸福无门，惟人所召。[126]欲悔非于既往，惟慎祸于将来。[127]当择哲主[128]为师，毋以吾为前鉴[129]。取法于上，仅得为中；取法于中，故为其下。自非上德，不可效焉。吾在位以来，所制多矣。奇丽服玩，锦绣珠玉，不绝于前，此非防欲也；雕楹刻桷，高台深池，每兴其役，此非俭志也；犬马鹰鹘，无远必致，此非节心也；数有行幸，以亟劳人，此非屈己也。[130]斯事者，吾之深过，勿以兹为是而后法[131]焉。但我济育苍生，其益多，平定寰宇，其功大，益多损少，人不怨；功大过微，德未亏。然犹之[132]尽美之踪，于焉多愧；尽善之道，顾此怀惭[133]。况汝无纤毫之功,直缘基而履庆?[134]若崇善以广德,则业泰身安;若肆情以从非,则业倾身丧。且成迟败速者,国基也;失易得难者,天位也。[135]可不惜[136]哉?①

注 释

[1] 大德曰生,大宝曰位:语出《易·系辞》"天地之大德曰生,圣人之大宝曰位",意思是天地之间最伟大的道德在于造就万物,君主最珍贵的宝物在于崇高的地位。

[2] 辨:区分,辨别。

[3] 树:树立,建立。

[4] 黎元:黎民百姓。

[5] 钧陶庶类:造就万物。钧陶:制造陶器,比喻造就,创建。庶:众多。

[6] 自非克明克哲,允武允文,皇天眷命,历数在躬,安可以滥握灵图,叨临神器:如果不是聪明睿智、文武兼备且受到上天眷顾的君王,怎么能临登帝王之位成为掌握帝权之人呢。自非:倘若不是。克:能。明:英明,睿智。哲:明智。允:文言语首助词。皇天:对天及天神的尊称。眷命:垂爱并赋予重任。历数:天道。躬:亲身,自身。灵图:帝王符应。叨:忝,辱。神器:帝位。

[7] 是以:因此。翠妫(guī)荐唐尧之德:相传尧与群贤到翠妫河边,有神龟从中浮出,向尧献图,表彰他的圣德。翠妫:水名,传说黄帝于此受图箓,后因用为典实。

[8] 元圭锡夏禹之功:舜帝赐元色之圭给禹,用以表彰大禹治水之功。元:元色,即玄色,黑中带赤。圭:古代玉器。锡:赐给。

[9] 丹字呈祥,周开八百之祚(zuò):周文王初受命时,有赤鸟衔丹书飞到岐山,向文王宣喻天命,呈现祥瑞之势,从而开创了周朝八百年的基业。开:开创。祚:福,指帝位。

[10] 素灵表瑞,汉启重世之基:汉高祖刘邦斩白蛇起义,奠定了两汉二十四帝的丰厚基础。

[11] 隋季:此处指隋朝的末期。季:某一朝代、年号或季节的末期。版荡:《版》《荡》,均是《诗·大雅》中的篇名,是讽刺周厉王昏庸无道的诗,后来用来形容政局混乱,社会动荡。

---

① 唐太宗.帝范[M].北京:中华书局,1985:序1-5,1-13,19-32,41-45.

[12] 先皇:此处指唐高祖李渊。神武:英明威武。经纶:整理丝缕,引申为筹划治理国家大事。会:际,时机。斩灵蛇:此处是借喻汉高祖斩白蛇起义之事。定王业:此处指奠定了大唐王室的基业。启金镜:李渊重开清明之道。启:开启。金镜:比喻光明之道。握:攥,持。天枢:天机。

[13] 五岳含气:世道浑浊未清。三光:日月星。戢曜(jí yào):隐而不明。豺狼尚梗:谓群雄相逐。风尘未宁:天下战乱,尚未安宁。

[14] 弱冠之年:古时男子二十岁行成人礼,即弱冠,指刚成年的时候。怀:怀抱。慷慨:充满正气,情绪激昂。思:念,考虑。靖:安,安定。济:救助,拯救。苍生:百姓,一切生灵。

[15] 躬擐(huàn)甲胄,亲当矢石:唐太宗亲自冲锋陷阵。躬:亲自。擐:披,穿。当:抵挡。矢石:箭和垒石,古代守城的武器。

[16] 鱼鳞、鹤翼:均是古代作战时陈兵布阵的阵式名称。

[17] 长鲸:用以比喻不义之人。扫:扫除。欃(chán)枪:彗星,古时将这种星视为妖星,认为此星出现是兵乱的先兆。廓:清除。八纮(hóng):泛指天下。

[18] 乘:驾驭,乘坐。庆:祥庆,庆云。天潢:天河。晖:此处指显赫。璇极:大宝之位,指皇位。袭:沿袭,继承。重光:喻为太子。隆基:繁荣昌盛的基业。

[19] 御朽:用腐朽的绳子驾驭马,比喻危险。慎:谨慎。

[20] 汝:你。以:因,因为。义方:行事应当遵守的规矩和道理。阙:通"缺",缺失。庭训:父母的教育。乖:违背,不协调。

[21] 擢(zhuó):提拔。维城之居:藩王,指李治任太子之前曾被封为晋王。少阳:皇太子,古时认为天子居正阳,太子居少阳。阳:东方。稼穑(sè):泛指农业劳动。

[22] 轩昊:轩辕、少昊的并称,指三皇五帝。已降(jiàng):犹言以后,表示时间在后。

[23] 经天纬地之君,纂(zuǎn)业承基之主:开天辟地的建国之君,继承基业的守成之主。经、纬:开创者。纂、承:守成者。道:政治主张,思想体系。焕:焕然,明白。

[24] 披镜前踪:本意指打开镜奁(古时用来覆盖铜镜的镜匣),追踪前人的踪迹,用以表示追踪历代君主的兴亡得失。近诫:当下的警戒。云耳:句末的语气助词。

[25] 主:君主。

[26] 兆庶:兆民,万众。

[27] 宽大其志,足以兼包:人君应该有宽广的胸怀和远大的志向,才可以包容万物。平正其心,足以制断:帝王心若平正,则能是非分明,遇事便能做出正确的决断。制断:专断,裁决。

[28] 非威德无以致远,非慈厚无以怀人:君王如果没有威望和高尚的德行,就不能号召远方;如果没有慈善广厚之心,就不能安抚民众。

[29] 六合:天地四方。旷:远。道:路。重任:责任重大。

[30] 封建亲戚:分封皇亲国戚。

[31] 远近相持,亲疏两用:用人时既要选用与自己关系亲近的,也要用一些与自己没有关系但可靠而有才能的人,这样就能够起到远近相互牵制的作用。疎:通"疏"。

[32] 并兼路塞,逆节不生:即使有人生出叛逆之心,也会因有人遏制而成不了气候。并兼:相互侵吞。路塞:政路不畅通。逆节:不遵王命,叛逆之徒。

[33] 晋、郑、鲁、卫:皆为周朝的分封王地。辅:辅助。虞:防御。

[34] 故:正因为如此,所以。卜:占卜。灵长:广远绵长。历年数百:历时数百年。

[35] 秦之季也,弃淳于之策,纳李斯之谋:秦朝末年,不采纳淳于越效法周朝分封的建议,而采纳了李斯实行郡县制的办法。

[36] 不亲其亲,独智其智,颠覆莫恃,二世而亡:不亲近其亲族,单靠自己一人的智慧,导致在国家败亡之际没有依靠,只两代就灭亡了。颠覆:倾覆败亡。恃:依靠,凭借。

[37] 岂非:难道不是。枝叶不疎:枝繁叶茂之意。疎:稀少,稀疏。根柢(dǐ):树木的根部,引申为基础。股肱(gǔ gōng):大腿和胳膊。既:已经。殒(yǔn):死亡。

[38] 诚:借鉴。广:大量。封:分封。懿亲:至亲,此处指皇室宗亲。过:胜过,超过。古制:此处指周朝的分封制。

[39] 专都:大都。偶国:此处指的是大的诸侯国的国都已经可以跟汉朝国都相当了。

[40] 末大则危,尾大难掉:汉朝各诸侯国地广兵强,王室力量反倒弱小,这就像树梢繁茂而树根却很小必然会折断,尾巴大身体短而导致很难转身。

[41] 六王怀叛逆之志,七国受铁钺(fū yuè)之诛:汉朝六个诸侯王曾相约谋

反,七个诸侯国也因谋叛而遭到诛杀。六王:楚王刘戊、赵王刘遂、胶西王刘昂、济南王刘辟光、淄川王刘贤、胶东王刘雄渠。七国:吴、楚、赵、济南、淄川、胶东、胶西七个诸侯国。铁钺:砍刀和大斧,古时用以腰斩、砍头的刑具,泛指战难、刑戮。诛:征伐,讨伐。

[42] 魏武创业,暗于远图:魏武帝曹操创立帝业时缺乏远见,只看到了汉朝因分封王而亡,可是汉朝毕竟历经二十四帝长达四百余年,却不知秦朝不学古制,两代即亡。魏武:曹操。暗:通"黯",不明白。远图:深远的谋划,远见。

[43] 子弟无封户之人,宗室无立锥之地:意为魏武帝鉴于汉之亡因而没有给王室子弟封国封地。

[44] 维城:连城以卫国,借指皇子或皇室宗族。磐石:坚固的大石头,比喻国家基石。

[45] 遂乃大器保于他人,社稷亡于异姓:曹魏的政权被司马炎篡夺,魏亡晋立。大器:君主权位。

[46] 流尽其源竭,条落则根枯:如果支流没了水,那么整个水源就会枯竭;树枝如果都掉落了,树根也就会枯死。

[47] 噬脐(shì qí):比喻后悔不及。患:祸患,灾难。

[48] 由此而言,莫若众建宗亲而少力:由此看来,最好的办法就是多分封皇室宗亲,但又不能使他们的势力太大。莫若:莫如,不如。

[49] 使轻重相镇,忧乐是同:使这些大小诸侯国相互牵制,与皇室共忧乐。

[50] 侵冤:使受冤屈。

[51] 君:君主,君王。德:德行。宏:宏大。唯:只有。资:依靠,凭借。博达:多听多看。

[52] 设:张贴。分:名分。悬教:将教化的法令悬挂张贴以告天下。术:法令。化:教化。应:处置。务:事物。适:适当。时:时宜。道:道理。

[53] 术以神隐为妙,道以光大为功:处理事情的方法要巧妙隐秘,而做人治事的原则要不断强化宣传。术:方法。神隐:手段隐晦,使人莫测。

[54] 括苍旻以体心,则人仰之而不测;包厚地以为量,则人循之而无端:为人君者应当像苍天那样默默无言,以便万民敬仰却猜不透其心思;其胸怀应当像大地那样宽厚,以便万民只能遵循而不知其边际。括:包容。苍旻:苍天。不测:无法揣测。端:尽头。

[55] 荡荡难名,宜其宏远:要像尧帝那样胸怀宏大,让万民莫可名状。荡荡难

名:语出《论语·泰伯》"巍巍乎!唯天为大,唯尧则之。荡荡乎!民无能名焉"。荡荡:形容宽广浩瀚的样子。

[56]且敦穆九族,放勋流美于前;克谐烝乂(zhēng yì),重华垂誉于后:能处理好九族的关系,有尧的美举在前,可以为师;舜能使家人和谐以孝进善,亦可以为师。敦穆:使亲厚和睦。放勋:帝尧名。克:能够。谐:和谐。烝乂:能互相沟通。重华:舜名。

[57]邦家:国家和家族。俱:全,都。泰:平安,安宁。虞:忧患,忧虑。良:甚,很。

[58]匡辅:匡正辅助。待:依靠,仗恃。

[59]任使:派遣,任用。

[60]故尧命四岳,舜举八元,以成恭己之隆,用赞钦明之道:尧任命四岳为臣,舜任用八元以治理天下,因而舜能成恭己之隆,尧能赞其钦明之道。命:任命。四岳:传说为尧时的四方部落首领。举:推举。八元:古代传说中的八个才子。恭己:恭谨律己。隆:兴盛。钦明:敬肃明察。

[61]戢(jí):收敛,收藏。

[62]怀奇蕴异,思会遇之秋:想要有所作为的贤达之士,必定会一直修养自己的学识和品行,静待圣贤君主的会遇之际,从而施展抱负。怀奇:身怀奇才的意思。会遇:时机。

[63]旁求:广求。俊乂:贤能之人。侧陋:隐僻鄙陋之处的俊贤。

[64]昔:过去,从前。有莘:古国名,今山东省曹县。媵(yìng)臣:古代随嫁的臣仆。吕望:吕尚,即姜太公。贱:社会地位低下,卑微。

[65]夷吾:管仲。缧绁(léi xiè):古时捆绑犯人的绳索,代指监狱。

[66]商汤不以鼎俎为羞:商汤不因为伊尹地位低下而羞辱他,反而重用他,伊尹从而成为殷商的主要功臣。鼎俎:上文中的伊尹。姬文:周文王。屠钓:上文中的姜太公。终能献规景亳(bó),光启殷朝:伊尹以冕服奉太甲复归于亳,使得殷商延续昌盛。亳:地名,商汤时的都城,在今河南省商丘市。执旌牧野,会昌周室:姜太公辅助周武王讨伐殷商,终平定天下。牧野:地名,武王伐纣得决胜之战,今淇县南、卫河以北。

[67]一匡之业:一匡天下,指统一天下。仲父:管仲。汉以六合为家:汉朝能够一统天下。赖:依靠。淮阴:淮阴侯韩信。

[68]航:大船。绝:横渡,穿过。假:借助。桡楫(ráo jí):船桨。羽翮(hé):翅

膀。藉(jiè)：通"借"，凭借，依靠。

[69] 故求之斯劳,任之斯逸：为人君者，要在求贤上下功夫，一旦任用了贤才，便可一劳永逸。

[70] 照车十二：语出《史记》，梁惠王与齐威王论宝，梁惠王称有径寸之珠，可以照亮前后十二辆车，齐威王则以人才为宝，梁惠王大惭。

[71] 夫王者高居深视,亏听阻明：君王高居深宫，与民众隔绝，不能看到天下所有的事情，不能听到天下所有的声音。亏：损。阻：阻碍，障碍。

[72] 过：过失。阙：通"缺"，缺失。补：补救。

[73] 所以设鞀(táo)树木,思献替之谋；倾耳虚心,伫(zhù)忠正之说：禹通过设鞀，尧舜通过竖立谤木，倾听民众的意见，虚心纳谏，期望有识之士以忠正之言相告。鞀：有柄的小鼓，古时用来察贤和征求民意。树木：谤木，相传为尧舜时在交通要道竖立木柱，让过往行人在上边写谏言，指广开言路，听取意见。献替：献可替否，意思是进献可行者，废去不可行者，比喻对君主进谏，劝善规过，也可泛指议论国事。伫：等待。

[74] 言之而是：言之有理的意思。虽：即使。刍荛(chú ráo)：割草打柴的人。

[75] 容：接受。

[76] 其义可观,不责其辩；其理可用,不责其文：如果一个人说的话合乎大义，那么他说话的方式是无关紧要的；如果他说的道理有理，则他表达事理的文采是无关紧要的。

[77] 至若：至于。折槛怀疏：语出《汉书》第六十七卷《杨胡朱梅云列传·朱云》，朱云在朝见成帝时，请赐剑以斩佞臣安昌侯张禹，成王大怒，下命将朱云斩首，朱云不断抗争，竟将大殿的门槛斩断，经左将军辛庆忌劝解，朱云幸免，后来在修缮大殿门槛时，成帝下命让保留折槛原貌，用以表彰直谏之臣，后被用作直言谏诤的典故。引裾(jū)却坐：语出《三国志·魏志·辛毗传》，指三国时辛毗拉住魏文帝衣襟坚持谏诤的典故，后以"引裾"来比喻人臣能够据理直谏。引裾：拉住衣襟。自非：自觉其非。

[78] 沥：竭诚，费尽心思。尽：终，达到顶点。

[79] 臣无隔情于上,君能遍照于下：大臣的意见可以上达于君王，君王的光辉亦能普照万民。

[80] 恣：放纵。暴虐：凶恶残酷。极：穷，达到顶点。荒淫：过分贪恋女色，纵情享乐。

[81] 其为壅塞,无由自知:蒙蔽自己,以致看不到自己的过失。壅塞(sè):堵塞不通。

[82] 谗佞:谗邪奸佞之人。蟊(máo)贼:比喻危害人民和国家的人。

[83] 谄谀(chǎn yú):谄媚阿谀。恶:憎恶。

[84] 奸邪之志,恐富贵之不我先:这些奸邪之人,唯恐自己不先于别人大富大贵。

[85] 朋党:集团,派别,多为争夺权力、排斥异己相互勾结而成。相持:双方对立,互不相让。比周:结党营私。

[86] 令色巧言:巧言令色,指用花言巧语、谄媚的态度讨好于人。亲:亲近。上:此处指地位在己之上的人。先意承旨:揣摩上级意图,极力奉承。悦:取悦。

[87] 朝有千臣,昭公去国而不悟:语出《左传》,意为宋昭公被逐出国门,才知自己在位期间,在朝做官数千人,由于左右谄谀,以致听不到自己的过失,从而导致亡国。弓无九石,宁一终身而不知:《尹文子》记载,齐宣王喜射,他用的弓不过三石,身边的人试用他的弓,都说拉不开,称赞该弓不下九石,除了大王谁也拉不开,以致宣王终身皆以为自己所射之弓为九石。宁一:齐宣王。

[88] 伊戾之祸:语出《左传》,春秋时期,宋平公听信伊戾谗言,以为太子将作乱,故而囚禁逼太子自缢。郤(xì)宛:楚国名臣,因正直而被奸臣费无极陷害而死。

[89] 藂(cóng):丛生,聚集。蔽:蒙蔽。

[90] 砥躬砺行,莫尚于忠言;败德败正,莫踰(yú)于谗佞:磨炼自己,提高自己的修养,最好的办法就是亲近正人君子,倾听忠直之言;而再也没有比亲近奸佞小人更败坏道德背离正理的事情了。砥躬砺行:磨炼自己的节操和德行。踰:通"逾",胜过,超过。

[91] 目际:眼睛旁边。瞻:看。

[92] 何则:为什么,多用于自问自答。

[93] 饰其容者皆解窥于明镜,修其德者不知访于哲人。讵(jù)目庸愚,何迷之甚:人们在打扮自己的时候,都懂得照镜子;但在修养自己品德的时候,却不懂得向哲人请教,这难道不是愚蠢到极点了吗!解窥于明镜:从镜子中看到。讵:岂,难道。

[94] 彼难受者,药石之苦喉也;此易从者,鸩毒之甘口也:良药苦口利于病,忠言逆耳利于行;那些听起来顺耳的话,虽然像美味一样甘甜,却有鸩毒之祸。

[95] 殒:丧失生命,死亡。

［96］乖:违背,不协调。

［97］奇技:特殊的技能,新奇的技艺。淫声:淫邪的乐声,古代以雅乐为正声,以俗乐为淫声。鸷鸟:凶猛的鸟。田猎不时:不按规定的季节狩猎,则为残暴天物,抢夺民财。

［98］烦:繁重。

［99］黼黻(fǔ fú):绣有华美花纹的礼服。绪绤(chī xì):葛服。

［100］恣:放纵。嗜欲:嗜好,贪欲。土木衣绨(tí)绣:意思是用彩绣装饰房屋。土木:房宇。衣:此处用作动词,使衣。绨绣:赤缯与文绣,泛指高贵的丝织品。裋褐(shù hè):汉服的一种款式,是以方便劳作为目的的便服,多为贫苦人所穿。褐:粗布衣服。厌:满足。刍豢(chú huàn):牛羊猪狗等牲畜,泛指肉类食品。糟糠:穷人用来充饥的粗劣食物。

［101］乖离:抵触,背离。佚(yì)乐:悠闲安乐。佚:通"逸",安逸。

［102］约:节约,节俭。

［103］身尊:身份尊贵。德厚:德泽深厚。矜物:傲物。矜:自尊自大,自夸。

［104］茅茨(máo cí)不剪:用茅草覆盖屋顶,而且没有修剪整齐。采椽(chuán)不斫(zhuó):用柞木做屋椽,也不削得光滑一些,比喻生活简朴。文:通"纹"。土阶:居室简陋。崇:高。大羹不和:语出《礼书》,意为没有味道却包含了所有的味道。大羹:肉汁羹。不和:不添加盐、梅,指不添加五味。

［105］憎:厌恶。荣:荣华富贵。恶:厌恶。味:美味佳肴。

［106］比屋可封:原指在尧舜之时,贤人很多,差不多每家都有可受封爵的人,后用来比喻社会安定,民风淳朴。比屋:所居屋舍相邻。

［107］斯二者:上文中的奢侈和节俭。端:发端。

［108］五关近闭,则嘉命远盈;千欲内攻,则凶源外发:如果能清心寡欲,美好的生命便可延续;相反,如果内心欲望横生,就必然会出凶乱。五关:目、耳、口、鼻、身。嘉命:美好的生命。欲:欲望。

［109］蠹(dù):蛀虫。朱火含烟:红色的火焰被烟尘遮挡。朱火:红色的火焰。郁:阻滞。

［110］以是知骄出于志,不节则志倾;欲生于心,不遏则身丧:如果一个人有骄纵之心,不加节制的话,其志就无法实现;如果一个人心中的欲念不加遏制,他将因此而丧生。节:节制。遏:遏制。

［111］功成设乐:战争胜利后奏凯旋之乐以告祭先祖。治定制礼:社会安定

后,制定礼法来教化民众。

[112] 敷教:布施教化。

[113] 隆:兴盛,弘扬。假:借助。光身:显耀身名。

[114] 然则质蕴吴竿,非筈(kuò)羽不美;性怀辨慧,非积学不成:然而吴地竹竿虽质优可做箭,但若不凭借筈羽,也成不了好箭;人虽然天资聪慧善辩,但如果不持续学习,也难成大事。质蕴吴竿:吴地出产的竹竿品质好,可以做箭。筈:箭的末端扣弦的部分。辨慧:聪明而富于辩才。积学:积累学问。

[115] 明堂:古代所建的重要礼制建筑,帝王宣明政教,举行朝会、祭祀、庆赏、选士、养老、教学等大典的地方。辟雍:古代的学官,为尊儒学、行典礼的场所。

[116] 百家:诸子百家之书。六艺:礼、乐、射、御、书、数。端拱:闲适自得。

[117] 飞:飞扬。英声:美好的名声,悠扬悦耳的声音。腾:传。茂实:盛美的品德。

[118] 文术:文教儒术。

[119] 斯二者:文武之治。递:更替,交替。

[120] 长气:兵祸之气,即战争的氛围。亘地:遍地。锋端:兵器或毛笔等的尖端。

[121] 干戈:古时兵器的通称,引申为战争。庠序:学校,此处指代教育。

[122] 海岳:大海和高山。既:已经。晏:安定,安乐。波尘:兵尘。偃:停止。七德:武功的七种德行,即禁暴、戢兵、保人、定功、安民、和众、丰财。敷:传播。九功:古时六府三事为九功,六府即水、火、金、木、土、谷,三事即正德、利用、厚生。

[123] 古人有云,非知之难,惟行之不易;行之可勉,惟终实难:古人说,明白事物的道理并不难,只是做起来难,事情可以努力坚持去做,但能坚持到底善始善终就很难。勉:勉励,力量不够或不愿做仍然坚持去做。

[124] 遵:遵从,遵守。践:实行,履行。

[125] 小人俯从其易,不得力行其难,故祸败及之;君子劳处其难,不能力居其易,故福庆流之:小人只选择容易的道理,不愿意努力去做困难的事情,所以祸患也就随之而来;君子在困难面前毫不退缩,不贪图安逸,因而福祉和吉庆便随之而来。俯从:听从。劳处:辛劳地处于。

[126] 故知祸福无门,惟人所召:可见祸福皆是因人的主观努力和选择所决定的。

[127] 既往:过去的事情。惟慎祸于将来:只有谨慎做事,从而避免对未来有

可能犯的过错。

[128] 哲主:明哲的君主。

[129] 吾:此处指唐太宗本人。前鉴:前车之鉴。

[130] 奇丽服玩(wán):新奇瑰丽的服饰及好玩之物。防:预防,提防。欲:欲望。雕楹(yíng)刻桷(jué):雕刻着图案或花纹的柱子和椽子,形容建筑精巧华丽。楹:房屋的柱子。桷:方形的椽子。每:每一次。役:劳役,徭役。俭:勤俭,俭朴。鹰鹘(hú):鹰和鹘,驯养后可助田猎。节心:节俭之心。行幸:古时专指皇帝出行。屈己:严格要求自己。

[131] 法:仿效,效法。

[132] 犹之:与……相比。

[133] 怀惭:心中有愧。

[134] 纤毫:比喻极其细微。功:功绩。直缘基而履庆:只因时机而得福,此处指因父祖基业而直登帝位。

[135] 成:成功。迟:慢。败:失败。速:快。天位:帝位。

[136] 惜:珍惜,爱惜。

解读

《帝范》是唐太宗李世民一生执政经验的高度浓缩,展现了一代英主对人生和世事的体悟。纵观全书的内容,可以说是留给皇太子李治的一份政治遗嘱。李世民结合自己的政治实践,从丰富的历史经验中提炼出一些理论性认识,其间亦含有自我的反省。

《帝范》除去"前序"与"后序"外,正文共十二篇,大致可以分为四个方面:一是关于君主之位的体会和皇族关系处理("君体""建亲");二是君主的核心职责("求贤""审官");三是君主的个人修养("纳谏""去谗""诫盈""崇俭""赏罚");四是关于基本国策的论述("务农""阅武""崇文")。这四个方面互相联系,密不可分,涵盖了古代帝王治国理政的各个方面,是中国帝王家训的集大成之作。

(编注:金　铭　校对:高芳卉)

中枢龟镜

〔唐〕苏 瑰

作者简介

苏瑰(639—710),一名苏瑰,字昌容,京兆武功人,唐朝宰相,谥号文贞。苏瑰进士出身,历任恒州参军、豫王府录事参军、朗州刺史、歙州刺史、扬州长史、尚书右丞、户部尚书、侍中、吏部尚书、右仆射,封许国公。

导 读

中枢者,乃宰相之位也;龟镜者,乃借鉴之意也。苏瑰有子苏颋,"少有俊才,一览千言。弱冠举进士,授乌程尉,累迁监察御史"①苏瑰认为儿子有宰相之才,因此以自己做宰相的亲身经历向儿子传授为官之道。后来苏颋果然不负父望,于开元年间登上相位,与宋璟合理政事,并把其父训辞"密以示璟,请号《中枢龟镜》"②。

该书深受后人推崇,宋代陈瓘(号了翁)曾在此基础上作《广龟镜录》,李纲《跋了翁广龟镜录》云:"苏许公《中枢龟经录》,执国柄者可以输绅,了翁广之,有味其言也。"但可惜此书失传,而《中枢龟镜》亦久无单行本传世,唯刘清之《戒子通录》卷四和《全唐文》卷一百六十九收录有全文。

原 文

宰相者,上佐天子,下理阴阳,万物之司命[1]也。居司命之位,苟不以道应

---

① 赵振.中国历代家训文献叙录[M].济南:齐鲁书社,2014:14.
② 赵振.中国历代家训文献叙录[M].济南:齐鲁书社,2014:15.

命[2],翱翔自处,上则阻天地之交泰,中则绝性命之至理,下则阻生物之阜植[3]。苟安一日,是稽阴诛[4],况久之乎!

临大事,断大议,正道以当之。若不能,即速退。中枢[5]之地,非偷安之所。

平心以应物,无生妄虑。似觉非正,则速回之,使久而不失正也。

敷奏[6]宜直勿婉,应对无常。速机可以回小事,沉机可以成大计。[7]

同列之间,随器以应之,[8]则彼自容矣。容则自峻其道以示之,无令庸者其来浼我也。[9]贤者亲而狎之,无过狎而失敬,则事无不举矣。[10]

举一官一职,一将一帅,须其材德者。

听众议以命之,公是非即无爽矣。[11]

人不可尽贤尽愚,汝惟器之。

与正人言,则其道坚实而不渝。[12]材人[13]可以责成办事,办事不可与议。与之议,则失根本,归权道也[14]。

常贡外妄进献者,小人也,抑之。[15]

审奸吏,辞烦而忘亲者,去之。[16]

崇儒而笃敬,侈靡之风不作,不作则平和,平和则自臻理道矣。[17]

刺史县令,久次以居之,不能者立除之。[18]

无奸柄施恩,交驰道路,[19]既失为官之意,受弊者随之矣。

欲庶而富,在乎久安。[20]

不教而战,是谓弃之。[21]

佐理在乎谨守制度,俾边将严兵修斥堠,[22]使封疆不侵,不必务广,徒费中国,事无益也。

古者用刑,轻、中、重之三典[23],各有攸处。方今为政之道,在乎中典,谨而守之,无为人之所贰[24]。

无请数赦,以开幸门。[25]勿畏强御[26],而损制度。

教令少而确守之,则民情胶固[27]矣。

勿太刚[28]以临人,事虑不尽,臣不密,则失身。非所议者,勿与之言。

勤思虑,不以小事而忽机。

管财无多蓄,计有三年之用,外散之亲族。多蓄甚害义,令人心不宁。不宁则理事不当矣。

清身检下,无使邪隙微开,而货流于外矣。

远妻族,无使扬私于外,仍须先自戒。谨检子弟,无令开户牖[29],毋以亲属挠有司[30]。一挟私,则无以提纲在上矣。

子弟婿居官,随器自任,调之勿过其器,而居人之右。

子弟车马服用,无令越众,则保家,则能治国。

居第[31]在乎洁,不在华,无令稍过,以荒厥心。①

注 释

[1] 司命:神话传说中掌管人的生命的神。

[2] 以道应命:用道来应对自己的使命。

[3] 阜植:繁盛地生长。

[4] 是稽阴诛:"阴稽是诛"的倒装,指暗中的惩罚到了。稽:到,至。

[5] 中枢:朝廷,中央政府,此处指宰相之位。

[6] 敷奏:陈奏,向君主报告。

[7] 速:快速应对之能。沉:深谋远虑之思。

[8] 列:行列,位次。器:才质的特性。

[9] 峻:抬高。浼(měi):污染。

[10] 狎:亲近而不庄重。举:行动,亦有攻克之意。

[11] 听众议以命之,公是非即无爽矣:以命公之,使动句式,意为听众议以使任命公正。公:公正无私。爽:差错。

[12] 正人:正派的人,持正道之人。渝:改变。

[13] 材人:有能力的人。

[14] 归权道也:这是涉及用权之道的问题。

[15] 妄:胡乱。抑之:压制他们。

[16] 辞烦:言语烦琐。忘亲:胡乱攀亲。去之:疏远他们。

[17] 笃敬:笃厚敬肃。臻:达到(美好的境地)。

[18] 久次:任职时间。居:任用。除:免职。

[19] 无:通"毋",不要。交驰:交相奔走,往来不断。

[20] 欲庶而富,在乎久安:庶、富依赖于天下长久平安。庶:人口兴旺。富:人民富足。

---

① 楼含松.中国历代家训集成[M].杭州:浙江古籍出版社,2017:85 - 87.

[21] 不教而战,是谓弃之:语出《论语·子路》"以不教民战,是谓弃之",意为用未经过训练的人民去作战,等于抛弃他们的生命。

[22] 佐:辅佐君主。理:管理政事。俾(bǐ)边:喻守卫边疆。俾:城上齿状矮墙。斥堠(hòu):瞭望敌情的土堡。修斥堠,比喻放哨、侦察。

[23] 三典:语出《周礼·秋官·大司寇》"一曰刑新国用轻典、二曰刑平国用中典、三曰刑乱国用重典"。作者为唐中宗宰相,作此文时唐代已历经太宗、高宗等数朝近一百年,所以后文说当时适用"中典"。

[24] 贰:被人干扰,心思不定。

[25] 数赦:屡次免除或减轻刑罚。幸:侥幸。

[26] 御:抵御,阻挡。

[27] 胶固:团结巩固。

[28] 刚:坚强、坚硬,此处应有太过严厉之意。

[29] 户牖(yǒu):门和窗,喻指门户、门派。户:本指单扇门,后作门的通称。牖:窗户。

[30] 有司:主管某部门的官吏,泛指官吏。

[31] 居第:住宅。

解 读

《中枢龟镜》是由一位知名的宰相苏瓌以如何做宰相为主题写给自己儿子的家训,内容广泛,涉及从政的各个方面,但一言以蔽之,即继承孔子"政者,正也"的古训,教子以正道。正是在这样的家教下,其子苏颋才能"罄尽臣节,断割吏事,至公无私""入参谋猷,出总藩牧,诚绩斯著,操履无亏"[①],与其父一起成为唐代历史上著名的宰相。

这篇家训,主题明确,短小精悍,文字精练,层次分明,阐述独到而全面,是一篇特色鲜明、价值独到的家训名作,至今读来,亦有很多深刻见解和精辟实用的建议。

(编注:金 铭 校对:高芳卉)

---

① 赵振.中国历代家训文献叙录[M].济南:齐鲁书社,2014:15.

戒子拾遗

〔唐〕李 恕

作者简介

李恕(生卒年不详),赵州元氏(今属河北)人。按文渊阁《四库全书》本《戒子通录》卷三中所收《戒子拾遗》中原序所载,他曾任唐中宗时县令一职。

导 读

据考证,新、旧《唐书》记载同名同姓的李恕共五人,本文作者当为唐初李知本之子①。李家几代同居,家法极严,是享誉乡里的义门。李恕出身于这样的家庭,自幼便受到了良好的家庭教育,深刻体会到了教育子女及传承家风的重要性。

李恕撰写《戒子拾遗》缘于他认为先前的家训著作均存在一定的局限性,以《崔氏女仪》戒不及男,《颜氏家训》训遗于女,遂著《戒子拾遗》十八篇,内容涵盖了教导子弟如何做官、女子教育及对违反家规成员的惩戒等方面。

原 文

男子六岁,教之方名[1]。七岁,读《论语》《孝经》。八岁,诵《尔雅》《离骚》。十岁,出就师傅,居宿于外。十一,专习两经。志学之年[2],足堪宾贡[3],平、翼二子,即是其人[4]。夫何异哉,积勤所致耳。[5]擢第[6]之后,勿弃光阴,三四年间,屏绝人事[7],讲论经籍,爰迄史传,[8]并当谙忆,悉令上口。[9]洎乎弱

---

① 赵振.中国历代家训文献叙录[M].济南:齐鲁书社,2014:16.

冠[10]，博综古今，仁孝忠贞，温恭谦顺，器惟瑚琏[11]，材堪廊庙[12]。如或出身[13]之后，怠而自逸，被服绮罗，弄姿顾影，朝游酒肆，暮宿倡楼[14]，虽则生之，不如遄死[15]，若狗犬[16]耳，奚足惜哉？

居九品之中，处百僚之下，清勤自勖[17]，平真无亏，事长官以忠诚，接僚友以谦敬，言思乃出，行思乃动，勿辄有毁誉[18]，勿轻论得失。

格式律令，为政之堤防，一牵吏役，动遵宪纲。[19]与夺割断，必须理惬条章；[20]喜怒刑名[21]，岂可率由胸臆？枷杖样式，著于令文，准令而行，足堪市耻。勿奋威怒，粗杖大枷，肆一朝之忿，取终身之败。

申上移牒[22]，言唯谨尔，署必真书[23]，慎勿侮弄刀笔，讥玩朋僚。若犯要司，败不旋踵，若轻同类，怨岂在明？位下处卑，触涂[24]防谨，部内士人虚心接引，乡中耆望[25]以礼承迎，若恣心纵骂，轻出莠言，骂父子怨，骂兄弟怨，既为怨府，亦谓深仇。刘宽不呵童仆[26]，嗣宗口不臧否[27]。韩子曰："善为吏者树德，不善为吏者树怨。"[28]勉之勉之！

县有长官，职宣风化，丞尉卑末，[29]无劳广为。若乃斥强健，压雄豪，奋下车[30]之威，钓高明之誉，指挥一县，专擅六曹[31]，识者寒心，旁观启齿。但能正身范物，修己安人，不与典吏交言，不在公庭妄笑，立无偏倚，坐必正方，人自怀之畏之矣。

汝辈后生，始从卑仕，禄俸所获，仅以代耕，宜减省家人，谨身节用，阖门昼掩，镇安关钥，家童敛迹，无出府廷。使马如羊，不以入厩，使金如粟，不以入怀。[32]夫如是，则骢马埋轮[33]，且安高枕，岂多言之可畏，何众口之能伤哉？杨震[34]为涿郡太守，子孙皆蔬食步行，曰："使人称为清白吏子孙。"诚哉斯言，誓铭肌骨。部内交关[35]，诚非所愿，傥缘切要，不遑远市，衣食之外，无辄交通，必须依价钱归物主，分明付领，书取文钞，虽云细务，易涉流言，勿招抑逼之词，以获侵渔之谤。若能远希先觉，遥杜未萌，清介皎然，吾无忧矣。

周生烈云："食禄坐观，贼也。"[36]老子云："债少易偿，职寡易守。"汝等欲仕周行[37]，深期自卜，审己量分，或保微班，冒宠贪荣，方贻后遣。但能绩著鸣弦，功彰露冕，足隆门阀，不坠箕裘，[38]岂要荣贵方为宦达？

纳采行媒，咸求雅对，河鲂宋子[39]，勿坠清规。或嫁女从夫，有资贤婿，如为男求妇，必在甲门[40]。无隳[41]百代之规，以适一时之欲。

告休暇景，公务徐闲，学以润身，必资宏益。[42]谯周[43]云："圣人学之于天，君子学之于圣。"又云:"进者犹行也,朝发而异宿矣;益者其犹取菜乎,勤则顷筐盈矣。"家中经史不能周足,但能阅市,恒有贱书,假如数万青蚨,才当一马之值,堪得数千黄卷,便为百代之宝。[44] 凡人皆知市骏马,悦轻肥,而莫肯市书,见近识小。《淮南子》云:"家有三史无痴子。"可不勉欤!

吾昆弟七房,子侄尤众,未出一门,已成三从,左提右挈,洎乎成长,世祀云远,恩爱不渝,怀橘而归[45],遗兼诸母,易衣而出,讵止同胞?服有功缌[46],《礼经》所限,情存家法,勿或亏焉。博徒暴客,破产倾家,汝等子孙,尤宜戒谨。脱子侄之中,顽嚚不肖,[47]公违父叔之令,辄从轻薄之徒,必当断其掷头之指,以为终身之戒。宁不知亏令断骨,忍痛伤心,折一指足以保一门,所全者大,故不隐也。

夫酒者,所以祀鬼神、养病老。冠昏之礼[48],非酒不成;宾主之欢,非酒不接。无容沉湎过度,颠沛有亏。汝等从宦,顾惜身名,纵不能全然禁断,倍须拘检。酒气未尽,不可参预府廷[49];面色未平,不宜呵叱百姓。以此为戒,馀可知矣。

孙叔敖[50]为令尹,一老父教之云:"位益高而意益下,官益大而心益小。"《袁子》云:"贫贱愿人之接己,富贵忘己之接人,大禹一饭十起,周公一沐三握。[51]"夫接士忘疲,礼贤忘倦,圣贤犹且若是,而况凡庸乎!

曾子云:"书功不过百日。"谚云:"千里面首,既堪力致。"何惜馀闲。诸葛戒子,尚忧粗拙。汝辈钟、张真草之迹[52],念并留心;阴阳卜筮之书,慎毋开卷。射宫观德,君子攸宜,弹琴自娱,性灵取悦,自馀伎术[53],并勿经怀,敬慎威仪以近有德。《女诫》《女仪》,儿女等各写一通,咸将自警女,兼辅佐君子。儿亦劝奖室家,中外相承,夫妻并立,终朝三省,每月一寻,实获我心,念无违也。

闾阎贱弟,委巷庸兄,[54]多分嫡庶,构成痛痏[55]。不念胞胎虽别,骨血不殊,岂可儿结父仇,子兼母妒?伤心犯顺,所不忍言。汝等幼习义方,以归名教,察天伦之重,既悟同生;觉流俗之非,毋遵覆辙。

女子七岁,教以《女仪》,读《孝经》《论语》,习行步容止之节,训以幽闲听从之仪。《礼》云:女子十年治丝枲[56]织纴,观祭祀,纳酒浆,事人之礼,此最为先。十五而笄[57],十七而嫁,既从礼制,是谓成人。若不微涉青编[58],颇窥缃素[59],粗识古今之成败,测览古女之得失,不学墙面,宁止于男通之,妇人亦无嫌也。

妇人之德,贵在贞静,内外之言,不出闺阃[60],郑卫之音[61],尤非所习,游娱之乐,无以宽怀。夫若东西,家无耆旧,年少子幼,虑远防微,家具无假于人,馈献杜而弗纳,心怀廉谨,外绝交通,衣食斟量,常令备足。披寻谱谍,记忆亲姻戚属尊卑,吉凶周至,方为内范,念勖前规。

谚云:"成家由妇,破家由妇。"缅寻其语,谅匪虚谈。未有娣姒[62]相怜,而兄弟不睦;娣姒相嫉,而昆季[63]雍和者也。

升堂拜母,心所未通,广坐呈妻,理尤不可。人之家法,难易不同,在于吾心,以难胜易,与其轻易,宁可从难。①

注 释

[1] 方名:事物名称。《礼记·内则》:"六年,教之数与方名。"郑玄注:"方名,东西。"

[2] 志学之年:十五岁。《论语·为政》篇中孔子说:"吾十有五而志于学,三十而立,四十而不惑,五十而知天命,六十而耳顺,七十而从心所欲,不逾矩。"

[3] 宾贡:宾贡之礼,古代地方向朝廷贡士时,设宴款待应举之士的礼节,此处应指有了参加宾贡之礼的资格。

[4] 即是其人:就是这样的人。

[5] 夫何异哉,积勤所致耳:有什么奇怪的,勤学就可以达到。异:奇怪。

[6] 擢第:科举考试及第。擢:选拔。第:及第。

[7] 屏绝:屏退拒绝。人事:人际交往。

[8] 讲论经籍,爰迄(yuán qì)史传:研讨经史。爰:句首语气助词。迄:到,至。

[9] 并当谙忆,悉令上口:要做到理解,记住并背诵出来。并当:收拾料理。谙忆:熟记。悉:尽,全。

[10] 洎(jì):到,及。弱冠:古代男子二十岁行冠礼,故以指男子二十岁左右的年龄。

[11] 器:器重,看重。瑚琏:宗庙里盛黍稷的祭器,比喻治国的才能,出自《论语·公冶长》,孔子曾以此称赞子贡,瑚琏之器比喻有特别的才能、可以担当大任的人。

[12] 材堪廊庙:堪当建筑廊庙的木材,比喻可成为肩负国家重任的人才。

[13] 出身:科举时代为考中录选者所规定的身份、资格。

---

① 楼含松.中国历代家训集成[M].杭州:浙江古籍出版社,2017:89-92.

[14] 倡楼:娼楼,游玩之处。
[15] 遄(chuán)死:速死。
[16] 独(tún)犬:猪狗。独:通"豚",小猪。
[17] 自勖(xù):自勉。勖:勉励。
[18] 辄:立即,就,亦有总是之意。毁誉:毁损与赞誉。
[19] 格式律令:隋唐时期法典体系。宪纲:法纪,法度。
[20] 与夺割断:判断取舍。理惬条章:在道理上符合法令规定。
[21] 喜怒刑名:对案件的好恶。
[22] 申上移牒:用公文向上呈报。移牒:以正式公文通知平行机关或人。牒:文书或证件。
[23] 署:签名,题字。真书:指楷书,也称正楷、正书。
[24] 触涂:此处引申为各处、到处。触:各种。涂:道路。
[25] 耆(qí):六十岁曰耆,亦泛指寿考,年长的人。望:声誉,亦指有声誉的人。
[26] 刘宽不呵童仆:刘宽字文饶,弘农郡华阴县(今陕西省华阴市)人,东汉时期名臣,为人宽厚,他的夫人为了试探,故意在刘宽整理衣冠准备上朝时,让侍婢将肉羹打翻玷污刘宽的朝服,但刘宽神色不变,反而关心肉羹是否烫伤了侍婢的手。
[27] 嗣宗口不臧否:阮籍(字嗣宗,竹林七贤之一)性格谨慎,虽然言谈玄远,从不肯随便评论人物的好坏。
[28] 韩子:韩非子。此处出自《韩非子·外储说左下》篇中,孔子曰:"善为吏者树德,不善为吏者树怨。"
[29] 职宣风化:职务是正风俗,宣教化。丞尉:县丞、县尉。卑末:低级的官吏或职位。
[30] 下车:初到任。
[31] 六曹:唐时州府佐治之官分为六曹,即功曹、仓曹、户曹、兵曹、法曹、士曹,此处应泛指县令下属的所有官员。曹:古代分科办事的官署。
[32] 使马如羊,不以入厩,使金如粟,不以入怀:即使马如羊那样多,也不能引入马厩,即使金子如小米么堆积,也不能装入怀抱,后世常以此为官吏清廉的典故。
[33] 骢马埋轮:比喻不畏权贵,直言正谏。骢马:骏马。
[34] 杨震:字伯起,弘农华阴(今陕西省华阴市东)人,东汉时期名臣,人称

"关西孔子"。

[35] 交关：交易。

[36] 周生烈：生卒年不详，约魏文帝黄初元年前后在世，复姓周生，本姓唐，名烈，魏初微士，官侍中，好注经传。食禄坐观：拿着俸禄却坐享其成，不干实事。

[37] 周行：大道，代指朝廷。

[38] 鸣弦：语出自《论语·阳货》"子在武城闻弦歌之声"，原谓子游以礼乐为教故邑人皆弦歌，后泛指官吏治理政事有道、百姓生活安乐。不坠箕裘：比喻父辈的技艺或事业在自己的手上没有丢失。

[39] 河鲂宋子：河中鲂鱼，宋公女儿，语出《诗经·陈风·衡门》，这里代指所娶的妻子。

[40] 甲门：对世家大族的称谓。甲：次序之首。门：门第。

[41] 隳(huī)：毁坏，崩毁。

[42] 告休暇景：告休在家闲暇之时。润身：滋养心身。

[43] 谯周：字允南，三国时蜀汉大儒，名臣。

[44] 恒有贱书：书的价值被商人看得很低。青蚨(fú)：铜钱的别称。值：价值。黄卷：书籍，古代有宣纸之前，所造之纸颜色偏黄。

[45] 怀橘而归：典出三国时吴国陆绩的故事。陆绩六岁时，随父亲陆康到九江拜谒袁术，袁术拿出橘子招待，陆绩塞在怀中三个橘子。临行时，橘子滚落地上，袁术问："陆郎作宾客而怀橘乎？"绩跪答曰："欲归遗母。"世人皆称其孝，他被归入"二十四孝"，后以怀橘表示孝敬父母。

[46] 服有功缌：服丧的等级。功缌：古丧礼中大功、小功和缌麻三种丧服的通称。

[47] 脱：假如。嚚(yín)：愚蠢而顽固。

[48] 冠昏之礼：冠礼和婚礼。昏：通"婚"。

[49] 府廷：府衙政事。

[50] 孙叔敖：芈姓，蔿氏，名敖，字孙叔，湖北省荆州人，春秋时期楚国令尹，历史治水名人。

[51] 大禹一饭十起，周公一沐三握：出自《淮南子·汜论训》："当此之时，一馈而十起，一沐而三捉发，以劳天下之民。"讲大禹为及时处理政事，一顿饭之间要十数次放下饭碗外出迎接，形容日理万机，非常繁忙；周公一次洗头之间，不及擦干，多次手握湿发去见贤人，形容渴求贤才，谦恭下士。

[52] 钟、张真草之迹：钟繇、张芝的楷、草书法。钟繇、张芝为汉魏时人，前者楷书精妙，后者草书高绝。

[53] 伎：技巧，才能。术：技艺，方法。

[54] 闾阎（lú yán）：原指古代里巷内外的门，后泛指平民老百姓。委巷：僻陋小巷。

[55] 痏痏（wěi）：病痏痏疮。

[56] 枲（xǐ）：麻类植物的纤维。

[57] 笄（jī）：古代束发用的簪子，特指女子十五岁可以束发插笄的年龄，即成年。

[58] 青编：借指史籍。

[59] 缃素：因古时多在浅黄色和白色的丝织品上书写文字，故亦将"缃素"借代为"书卷"之义。缃：浅黄色。素：白色。

[60] 闺阃（kǔn）：女子居住的内室。

[61] 郑卫之音：春秋战国时郑、卫等国的民间音乐，也泛指一切非官方的民间音乐，即与正统雅乐相对应的民间俗乐。

[62] 娣姒（sì）：妯娌。兄妻为姒，弟妻为娣。

[63] 昆季：兄弟。长为昆，幼为季。

解读

李恕非常重视读书的作用，要求子弟年少即诵读经书，擢第、做官之后也不能放松学习，应加强修养。"居九品之中，处百僚之下"，他站在基层官吏的角度论述了很多为官处世的道理，如"温恭谦顺""清介自守""审己量分"。

作者格外重视女子教育，并首次将女子教育提高到了与男子教育同等的地位，强调"女子七岁，教以《女仪》，读《孝经》《论语》，习行步容止之节，训以幽闲听从之仪。……若不微涉青编，颇窥缃素，粗识古今之成败，测览古女之得失，不学墙面，宁止于男通之，妇人亦无嫌也"。

此外，作者明确提出对违反家规的家庭成员要给予严厉的处罚，起到杀一儆百的作用，从而开启了后世以惩罚为主的家法族规的先河。他说："宁不知亏令断骨，忍痛伤心，折一指足以保一门，所全者大，故不隐也。"

（编注：金　铭　　校对：高芳卉）

家 范(节选)

〔北宋〕司马光

作者简介

司马光(1019—1086),字君实,号迂叟,陕州夏县涑水乡(今山西省夏县)人,世称"涑水先生",谥号文正。历经仁宗、英宗、神宗、哲宗四朝,北宋政治家、史学家、文学家,主持编纂了编年体通史《资治通鉴》。

导读

《家范》为历代推崇的家教范本。全书共十卷十九篇,通过引用儒家经典的治家修身格言,广采史书中可以为后代学习的案例,并且夹杂有作者的议论,系统地阐述了封建家庭的伦理关系、道德规范、治家原则、修身养性和为人处世之道。全书节目备具,简明扼要,切于实用,并且其大旨归于义理,以敏德为行动之本,是维护封建伦理纲常、修身治家的规范,深受封建社会士大夫的推崇,被视为家庭必备的教育课本。

原文

治 家

卫石碏[1]曰:君义,臣行,父慈,子孝,兄爱,弟敬,所谓六顺也。齐晏婴曰:君令,臣共,父慈,子孝,兄爱,弟敬,夫和,妻柔,姑慈,妇听,礼也。[2]君令而不违,臣共而不贰,父慈而教,子孝而箴,兄爱而友,弟敬而顺,夫和而义,妻柔而正,姑慈而从,妇听而婉,礼之善物也。[3]夫治家莫如礼。男女之别,礼之大节也,故治家者,必以为先。

汉万石君石奋,无文学,恭谨,举无与比。[4]奋长子建、次甲、次乙、次庆,皆以驯行[5]孝谨,官至二千石。于是景帝曰:"石君及四子皆二千石,人臣尊宠,乃举集其门。"故号奋为"万石君"。孝景季年,万石君以上大夫禄归老于家,子孙为小吏,来归谒,万石君必朝服见之,不名。[6]子孙有过失,不诮让,为便坐,对案不食。[7]然后诸子相责,因长老肉袒固谢罪,改之,乃许。[8]子孙胜冠者[9],在侧,虽燕必冠,申申如也。[10]僮仆䜣䜣如也,唯谨。[11]其执丧哀戚甚[12],子孙遵教亦如之。万石君家,以孝谨闻乎郡国,虽齐鲁诸儒,质行[13],皆自以为不及也。建元二年[14],郎中令王臧,以文学获罪,皇太后、太后以为儒者文多质少,[15]今万石君家,不言而躬行,乃以长子建为郎中令,少子庆为内史。[16]建老白首,万石君尚无恙。每五日洗沐[17],归谒亲,入子舍,窃问侍者,取亲中裙厕牏[18],身自浣涤[19],复与侍者,不敢令万石君知之,以为常。万石君徙居陵里[20],内史庆醉归,入外门,不下车,万石君闻之不食。庆恐,肉袒谢罪,不许。举宗[21]及兄建肉袒。万石君让[22]曰:"内史贵人,入闾里,里中长老皆走匿[23],而内史坐车自如,固当[24]!"乃谢罢庆[25]。庆及诸子,入里门趋至家[26]。万石君元朔五年卒。建哭泣哀思,杖乃能行。岁馀建亦死。诸子孙咸[27]孝,然建最甚。

樊重字君云,世善农稼,好货殖。[28]重性温厚有法度,三世共财,子孙朝夕礼敬,常若公家。[29]其营经产业,物无所弃,课役童隶,各得其宜。故能上下戮力,财利岁倍,[30]乃至开广田土三百馀顷。其所起庐舍,皆重堂高阁,陂渠灌注,[31]又池鱼牧畜,有求必给。尝欲作器物,先种梓漆[32],时人嗤之。然积以岁月,皆得其用。向之笑者,咸求假焉。[33]货至巨万,而赈赡宗族,[34]恩加乡闾。外孙何氏兄弟争财,重耻之,以田二顷解其忿讼。县中称美,推为三老[35]。年八十馀终,其素所假贷人,间数百万,遗令焚削文契。债家闻者皆惭,争往偿之。诸子从敕[36]竟不肯受。

孔子曰:"不爱其亲,而爱他人者,谓之悖德;不敬其亲,而敬他人者,谓之悖礼。以顺则逆,民无则焉,[37]不在于善[38],而皆在于凶德[39]。虽得之,君子不贵也。[40]"故欲爱其身而弃其宗族,乌[41]在其能爱身也。

孔子曰:"均无贫,和无寡,安无倾。[42]"善为家者,尽其所有而均之,虽糟食[43]不饱,敝衣不完[44],人无怨矣。夫怨之所生,生于自私,及有厚薄也。[45]

祖

为人祖者,莫不思利其后世。然果能利之者鲜矣。何以言之?今之为后世谋者,不过广营生计以遗[46]之。田畴连阡陌,邸肆跨坊曲,粟麦盈囷仓,金帛充箧笥,慊慊然求之犹未足,施施然自以为子子孙孙累世用之莫能尽也。[47]然不知以义方[48]训其子,以礼法齐其家。自于数十年中,勤身苦体以聚之,而子孙于时岁[49]之间,奢靡游荡以散之,反笑其祖考[50]之愚,不知自娱,又怨其吝啬,无恩于我,而厉虐[51]之也。始则欺绐攘窃[52]以充其欲;不足则立券举债于人,俟[53]其死而偿之。观其意,惟患其考之寿也。[54]甚者至于有疾不疗,阴行酖毒[55],亦有之矣。然则向之所以利后世者,适足以长子孙之恶,而为身祸也。顷尝有士大夫,其先亦国朝名臣也,家甚富,而尤吝啬,斗升之粟,尺寸之帛,必身自出纳,锁而封之。[56]昼则佩钥于身,夜则置钥于枕下,病甚困绝[57],不知人[58],子孙窃其钥,开藏室,发箧笥,取其财。其人后苏,即扪枕下求钥不得,愤怒遂卒。[59]其子孙不哭,相与争匿其财,遂致斗讼[60]。其处女亦蒙首执牒[61],自讦于府庭[62],以争嫁资,为乡党笑。盖由子孙自幼及长,惟知有利,不知有义故也。夫生生之资[63],固人所不能无,然勿求多馀,多馀希[64]不为累矣。使其子孙果贤邪,岂蔬粝布褐,[65]不能自营,至死于道路乎?若其不贤邪,虽积金满堂,奚[66]益哉?多藏以遗子孙,吾见其愚之甚也。然则贤圣,皆不顾子孙之匮乏邪?曰:何为其然也?昔者圣人遗孙以德以礼,贤人遗孙以廉以俭。舜自侧微[67]积德,至于为帝,子孙保之,享国百世而不绝。周自后稷、公刘、太王、王季、文王积德累功,至于武王而有天下。其《诗》曰:"诒厥孙谋,以燕翼子。[68]"言丰德泽[69],明礼法,以遗后世,而安固之也。故能子孙承统八百馀年,其支庶犹为天下之显诸侯,[70]棋布于海内。其为利岂不大哉!

涿郡太守杨震,性公廉,子孙常蔬食步行。故旧长者,或欲令为开产业。[71]震不肯,曰:"使后世称为清白吏子孙,以此遗之,不亦厚乎!"

近故张文节公为宰相[72],所居堂室,不蔽风雨;服用饮膳,与始为河阳书记时无异。其所亲或规[73]之曰:"公月入俸禄几何,而自奉[74]俭薄如此。外人不以公清俭为美,反以为有公孙布被之诈[75]。"文节叹曰:"以吾今日之禄虽侯服王食[76],何忧不足?然人情由俭入奢则易,由奢入俭则难。此禄安能常恃?一旦失之,家人既习于奢,不能顿[77]俭,必至失所。曷若无失其常,吾虽违世,[78]

家人犹如今日乎!"闻者服其远虑。此皆以德业遗子孙者也,所得顾不多乎?

父　母

陈亢问于伯鱼曰:"子亦有异闻乎?"[79]对曰:"未也。尝独立,鲤趋而过庭。[80]曰:'学《诗》乎?'对曰:'未也。''不学《诗》,无以言。'鲤退而学《诗》。他日又独立,鲤趋而过庭。曰:'学《礼》乎?'对曰:'未也。''不学《礼》,无以立。'鲤退而学《礼》。"闻斯二者,陈亢退而喜曰:"问一得三,闻《诗》闻《礼》,又闻君子之远其子[81]也。"

曾子曰:"君子之于子,爱之而勿面[82],使之而勿貌[83],遵之以道而勿强言[84];心虽爱之,不形于外,常以严庄莅之[85],不以辞色[86]悦之也。不遵之以道,是弃之也。然强之或伤恩[87],故以日月渐摩之[88]也。"

石碏谏卫庄公曰:"臣闻爱子,教之以义方,弗纳于邪。[89]骄奢淫泆[90],所自邪也。四者之来[91],宠禄过也[92]。"自古知爱子不知教,使至于危辱乱亡者,可胜数哉! 夫爱之当教之使成人。爱之而使陷于危辱乱亡,乌在其能爱子也? 人之爱其子者,多曰:"儿幼未有知耳,俟[93]其长而教之。"是犹养恶木之萌芽,曰:"俟其合抱而伐之。"其用力顾[94]不多哉? 又如开笼放鸟而捕之,解缰放马而逐[95]之,曷若勿纵勿解之为易也!

《曲礼》:"幼子常视毋诳。"[96]

"立必正方,不倾听。"[97]

"长者与之提携,则两手奉长者之手。负剑辟咡诏之,则掩口而对。"[98]

曾子之妻出外,儿随而啼。妻曰:"勿啼,吾归为尔杀豕[99]。"妻归以语曾子,曾子即烹豕以食儿,曰:"毋教儿欺也。"

周太任[100]之娠[101]文王也,目不视恶色,耳不听淫声,口不出敖言[102]。文王生而明圣,卒为周宗。君子谓太任能胎教。古者妇人任子[103],寝不侧,坐不边,立不跸,[104]不食邪味,割不正不食,席不正不坐,目不视邪色,耳不听淫声。夜则令瞽[105]诵诗,道正事。如此,则生子形容端正,才艺博通矣。彼其子尚未生也,固已教之,况已生乎!

子

《孝经》曰:"夫孝,天之经也,地之义也,民之行也。天地之经,而民是则之。"又曰:"不爱其亲而爱他人者,谓之悖德;不敬其亲而敬他人者,谓之悖礼。以顺则逆,民无则焉。不在于善,而皆在于凶德。虽得之,君子不贵也。"又曰:"五刑之属三千,而罪莫大于不孝。"[106]孟子曰:"不孝有五:惰其四支[107],不顾父母之养,一不孝也;博奕好饮酒,不顾父母之养,二不孝也;好货财,私妻子,[108]不顾父母之养,三不孝也;从耳目之欲,以为父母戮,[109]四不孝也;好勇斗很[110],以危父母,五不孝也。"夫为人子而事亲[111]或亏,虽有他善累百,不能掩也,可不慎乎!

《礼》:"子事父母,鸡初鸣而起,左右佩服,以适父母之所。[112]及所,下气怡声,问衣燠寒,[113]疾痛苛痒,而敬抑搔之。[114]出入则或先或后,而敬扶持之。进盥,少者奉槃,长者奉水,请沃盥,卒,授巾。[115]问所欲而敬进之,柔色以温之。[116]"父母之命勿逆勿怠。若饮之食之,虽不嗜,必尝而待;加之衣服,虽不欲,必服而待。

又子妇无私货,无私畜,无私器,不敢私假,不敢私与。

又为人子之礼,冬温而夏清,昏定而晨省,在丑夷不争。[117]

或曰:孔子称色难[118]。色难者,观父母之志趣,不待发言而后顺之者也。然则《经》何以贵于谏争乎?[119]曰:谏者为救过也。亲之命可从而不从,是悖戾也;不可从而从之,则陷亲于大恶。然而不谏,是路人,故当不义则不可不争也。或曰:然则争之能无咈[120]亲之意乎?曰:所谓争者,顺而止之,志在必于从也。[121]孔子曰:"事父母几谏,见志不从,又敬不违,劳而不怨。[122]"《礼》:父母有过,下气怡色,柔声以谏。谏若不入,起敬起孝。说则复谏;不说,则与其得罪于乡党州间,宁孰谏。父母怒不说,而挞之流血,不敢疾怨,起敬起孝。[123]又曰:事亲有隐而无犯。[124]又曰:父母有过,谏而不逆。[125]又曰:三谏而不听,则号泣而随之。[126]言穷无所之也。或曰:谏则彰[127]亲之过奈何?曰:谏诸内,隐诸外者也。谏诸内则亲过不远[128],隐诸外故人莫得而闻也。且孝子善则称亲,过则归己。[129]《凯风》曰:母氏圣善,我无令人。[130]其心如是,夫又何过之彰乎?

女 孙 伯叔父 侄

汉和熹邓皇后六岁能《史书》[131],十二通《诗》《论语》。诸兄每读经传,辄下意难问[132],志在典籍,不问居家之事,母常非[133]之曰:"汝不习女工,以供衣服,乃更务学,宁当举博士邪?"后重违母言[134],昼修妇业,暮诵经典,家人号曰

"诸生"。其馀班婕妤、曹大家之徒[135],以学显当时,名垂后来者,多矣。

《书》曰:辟不辟,忝厥祖。[136]《诗》云:"无念尔祖,聿修厥德。[137]"然则为人而怠于德,是忘其祖也,岂不重哉!

《礼》:服,兄弟之子,犹子也。[138]盖圣人缘情制礼,非引而进之也。[139]

唐柳沁叙其父天平节度使仲郢[140]行事云:事季父太保,如事元公,[141]非甚疾[142],见太保,未尝不束带。任大京兆盐铁使[143],通衢[144]遇太保,必下马,端笏[145]候太保马过,方登车。每暮束带迎太保马首候起居。太保屡以为言,终不以官达稍改。太保常言于公卿间云:"元公之子,事某如事严父。"古之贤者,事诸父[146]如父礼也。

兄　弟

晋咸宁中疫[147],颍川庾衮,二兄俱亡。次兄毗复危殆[148],疠气方炽[149],父母诸弟,皆出次[150]于外,衮独留不去。诸父兄强[151]之,乃曰:"衮性不畏病。"遂亲自扶持,昼夜不眠。其间复抚柩哀临不辍。如此十有馀旬[152],疫势既歇,家人乃反。毗病得差[153],衮亦无恙。父老咸曰:"异哉此子!守人所不能守,行人所不能行,岁寒然后知松柏之后凋,始知疫疠之不相染也。"

夫兄弟至亲,一体而分,同气异息。[154]《诗》云:"凡今之人,莫如兄弟。"又云:"兄弟阋于墙,外御其侮。[155]"言兄弟同休戚,不可与他人议之也。若己之兄弟,且不能爱,何况他人?己不爱人,人谁爱己?人皆莫之爱,而患难不至者,未之有也。《诗》云"毋独斯畏[156]",此之谓也。兄弟,手足也。今有人,断其左足以益右手,庸何利乎[157]?虺[158]一身两口,争食相龁[159],遂相杀也。争利而相害,何异于虺乎?①

注　释

[1] 卫石碏(què):春秋时卫国大夫。

[2] 齐晏婴:春秋时期齐国宰相。令:美,好。共:通"恭",恭敬。姑:古时指婆婆。妇听:儿媳贤惠孝顺。

[3] 贰:背叛,有二心。箴:规劝,告诫。敬:恭敬。义:正义,合宜的道理、道

---

① 司马光.家范[M].上海:青年协会书局,1927:卷一,4-5,7-9,14-15;卷二,1-5;卷三,1-3,7-8;卷四,1,4;卷五,2-3;卷六,3,7,11,13-14;卷七,5-6,8.

德、思想或行为。正:正直,守节。婉:顺,形容女子温柔美好。

[4] 石:古代重量单位,三十斤为一钧,四钧为一石。石奋:西汉大臣,位列九卿。文学:学问。举:全,皆。

[5] 驯行:行为恭顺。

[6] 季年:晚年,末年。上大夫:周王朝及诸侯各国,卿以下有大夫,分上、中、下三等。谒(yè):进见。朝服:大臣朝会时穿的礼服。不名:不直呼其名,古代卑者或幼辈见尊长的一种礼节。

[7] 诮(qiào)让:责备,责问。便坐:犹别坐,相对于正坐而言。案:一种放食器的小桌子。

[8] 因:凭借,依靠。长老:年纪大的人。肉袒:脱去上衣,裸露肢体,在谢罪时以表示恭敬或惶恐。许:应允,认可。

[9] 胜冠者:已经加冠的人,古时男子二十岁加冠,即成年人。胜:能够。

[10] 虽燕必冠:即便休闲时也要穿戴整齐。虽:即便。燕:通"晏",安逸,闲适。申申如也:穿戴舒展齐整的样子。申申:安详舒适的样子。

[11] 诉诉如也:欣然从命的样子。唯谨:唯有谨慎。

[12] 执丧:奉行丧礼或守孝。哀戚:悲痛伤感,哀痛。

[13] 质行:品行诚朴。

[14] 建元二年:公元前139年。建元:汉武帝年号。

[15] 皇太后:此处指窦太后。文:文华。质:质朴。

[16] 躬行:身体力行。郎中令:官名,为皇帝左右的近臣。内史:官名,掌管京畿。

[17] 洗沐:沐浴,汉朝规定官员每五日一休沐,借指休假。

[18] 中裙:中衣的一种,为汉服的衬衣,起到搭配和衬托的作用。厕牏(yú):盛大小便的器皿。

[19] 身自:亲自。澣(huàn)涤:洗涤。澣:通"浣"。

[20] 徙居:迁居。陵里:地名。

[21] 举宗:全宗族的人。

[22] 让:责备。

[23] 走匿:逃走躲避。

[24] 固当:理所应当。固:本来。

[25] 乃谢罢庆:才原谅了石庆。谢:认错,道歉。罢:不罪而放过去。

[26] 趋:小步快走状。至:到。

[27] 咸:全,都。

[28] 樊重:东汉时人,追谥"敬"。货殖:经商。

[29] 三世共财:三代没有分家。公家:王侯、诸侯王国之家。

[30] 戮力:协力,通力合作,合力。财利岁倍:财产获得的利润每年翻倍。

[31] 重(zhòng)堂:楼房。陂(bēi)渠灌注:水渠环绕房舍。陂:池塘。

[32] 梓漆:梓树与漆树,做漆器的原料。

[33] 向:从前,原来。假:借。

[34] 赀(zī):通"资",资本,财力。赈赡:救济赡养。

[35] 三老:古代长管教化的乡官。

[36] 从敕:此处指听从其父的遗嘱之意。敕:敕命,自上命下之词。

[37] 以顺则逆,民无则焉:如果用违反道德的东西去教化人民,则会适得其反,反而会导致民众没有了行为准则。

[38] 善:善行,上文中提到的爱敬亲人的孝行。

[39] 凶德:悖德,违背道德。

[40] 虽:即便。得:得到,得志。君子:泛指贤人。不贵:鄙视,看不起。

[41] 乌:文言代词,表示疑问,哪里,何。

[42] 均无贫,和无寡,安无倾:语出《论语·季氏》,意为分配均匀就没有贫困,上下和睦则人口不会减少,社会安宁则国家不会灭亡。

[43] 粝(lì)食:粗粮。粝:糙米。

[44] 敝衣:破旧的衣服。完:完全,完整。

[45] 夫怨之所生,生于自私,及有厚薄也:怨恨之所以产生,是因为有人自私以及厚此薄彼。

[46] 遗(wèi):赠予,送给。

[47] 田畴:泛指田地。阡陌:田间小路。邸肆:邸店,古代兼具货栈、商店、客舍性质的处所。坊曲:泛指街巷。囷(qūn)仓:粮仓。箧笥(qiè sì):藏物的竹器,大小箱子。慊慊(qiè qiè)然:意犹未尽的样子。施施(yí yí)然:喜悦自得的样子。

[48] 义方:行事应当遵守的规范和道理。

[49] 时岁:岁月。

[50] 祖考:祖先,亦指已故的祖父或父祖辈人。

[51] 厉虐:暴虐。

[52] 欺绐(dài)攘窃:欺骗偷盗家中的财务。欺绐:欺骗。绐:通"诒",欺诈。攘窃:盗窃,抢夺。

[53] 俟：等待。

[54] 观其意，惟患其考之寿也：仔细观察一下他们（上文所述的子孙们）的心思，几乎是唯恐父祖长寿。

[55] 阴行酖毒：暗中毒害。阴：暗地。行：做，办。酖毒：毒酒，毒药。酖："鸩"的异体字，毒酒，用毒酒害人之意。

[56] 顷尝：不久前。先：祖先。身自：亲自。出纳：输出，收纳。

[57] 困绝：昏迷。

[58] 不知人：不省人事。

[59] 苏：苏醒。扪：按，摸。

[60] 斗讼：争斗以致诉讼。

[61] 其处女亦蒙首执牒：他没出嫁的女儿蒙着脸诉讼公堂。执牒：手持诉讼书，意为在公堂上诉讼。

[62] 讦(jié)：斥责别人的过失，揭发别人的弱点和阴私。府庭：官府审案的地方。

[63] 生生之资：生活所必需的资财。

[64] 希：通"稀"，稀少。

[65] 使：假使。蔬粝：粗食。布褐：布衣。

[66] 奚：什么。

[67] 侧微：卑贱。

[68] 诒厥孙谋，以燕翼子：语出《诗经·大雅·文王有声》，指为子孙留下好的谋略，能保护他们安乐。诒：通"贻"，遗留。孙谋：为子孙筹划的意思。燕：安乐。翼：庇护。

[69] 言丰德泽：德泽丰厚的意思。

[70] 承统：继承王业。支庶：宗族的旁支。显：有名声，有权势，有地位的。

[71] 故旧：老朋友。或：有人。公：杨震。开：开辟，扩展。产业：家产。

[72] 近故：最近去世。张文节：张知白，谥"文节"。

[73] 规：规劝，劝告。

[74] 自奉：自身日常生活的供养。

[75] 公孙布被之诈：《汉书·公孙弘传》记载："汲黯曰：弘位在三公，奉(俸)禄甚多，然为布被，此诈也。"意思是说汲黯认为公孙弘位达三公，盖的不是绸缎而是粗布被，并且还故意让人知道，这肯定是与节俭无关的事情了。形容矫情做作，作秀之意。公孙：西汉公孙弘，在汉武帝时任丞相，封平津侯。

[76] 侯服王食：意为穿王侯的衣服，吃珍贵的美食，形容豪华奢侈的生活。

[77] 顿:立刻。

[78] 曷(hé)若:何如,指用反问的语气表示不如。曷:通"何"。违世:去世。

[79] 陈亢:字子亢,一字子禽,春秋末年陈国人,孔子的弟子。伯鱼:孔鲤,孔子的儿子。异闻:与别人不同的教诲。

[80] 独立:独自站立,此处指孔子。趋:快走。庭:厅堂。

[81] 远其子:不偏爱自己的孩子。

[82] 勿面:不当面表现出来。

[83] 使:派遣,支使。勿貌:不要表现在外表上。

[84] 道:道理。勿强言:不要强迫、勉强,要使之心服口服。

[85] 严庄:严肃庄重。莅:临视,对待。

[86] 辞色:温和的言语和态度。

[87] 伤恩:伤害父子之间的感情。

[88] 以日月渐摩之:对待子女只能靠平时的言传身教去慢慢引导他们。渐摩:亦作"渐磨",浸润,逐步地感化教育。

[89] 义方:立身处世之正道。纳:收入,归于。

[90] 泆(yì):通"逸"。

[91] 四者:上文提到的"骄奢淫泆"。来:由来。

[92] 宠禄:给予宠幸和富贵。过:过错,错误。

[93] 俟:等。

[94] 顾:岂。

[95] 逐:追。

[96] 《曲礼》:《礼记》中的一篇。视:通"示",教育,教导。毋:不要。诳:哄骗。

[97] 立必正方,不倾听:教育小孩站立的时候要端正,站有站相,倾听长辈说话时不能斜着身子,要毕恭毕敬。正方:正而不邪,端正。倾听:侧首而听。

[98] 提携:扶持,搀扶,此指长者领着小孩走路。奉:通"捧"。负剑辟咡(èr)诏之,则掩口而对:小儿回答长者的问话时,要掩口而对,免于口气触到长者脸上。负剑:长者抱小孩的样子。辟咡:交谈时侧着头,不能使口气触及对方,以示尊敬。辟:侧身。咡:耳边低语。诏:告诉,多用于上对下。

[99] 豕(shǐ):猪。

[100] 太任:周文王的母亲。

[101] 娠:怀孕。

[102] 敖言:傲慢的话。敖:通"傲"。

[103] 任子:妊娠。任:通"妊",怀孕。

[104] 坐不边:不侧身而坐。边:旁侧。跸(bì):单脚站立,不端正的意思。

[105] 瞽:盲人,古时常以盲人为乐师。

[106] 五刑之属三千,而罪莫大于不孝:被重罚治罪的人很多,其中最严重的罪行便是不孝。五刑:古代的五种刑罚。

[107] 惰:懒惰。支:通"肢"。

[108] 好:贪。货财:财物。私:偏爱。妻子:妻与子。

[109] 从:通"纵",放纵,纵容。耳目之欲:满足声色享乐的欲望。以为父母戮:使父母感到羞辱。戮:羞辱,罪责。

[110] 很:通"狠",凶恶。

[111] 事亲:侍奉双亲。

[112] 左右佩服:按照礼仪规定,穿戴好应该穿戴的衣饰。适:去,到,往。所:住所,居室。

[113] 下气怡声:形容声音柔和,态度恭顺。下气:态度恭顺。怡声:声音和悦。燠(yù):暖,热。

[114] 苛痒:疾病的意思。苛:通"疴",患病。抑搔:按摩抓骚。抑:按摩。

[115] 盥:洗手。槃:通"盘"。授巾:递上擦手巾。

[116] 问所欲:父母爱吃的菜肴。温之:使父母所食之菜肴不冷不热。

[117] 清(qīng):寒冷,凉。昏定而晨省:旧时侍奉父母的日常礼节。昏定:夜晚为父母铺好床席。晨省:早晨去向父母问安。丑夷:同辈人。不争:和平相处,不发生争执。

[118] 色难:语出《论语·为政》,意思是对待父母和颜悦色,是最难的。

[119] 《经》:此处指《孝经》,《孝经》中有《谏争》一章。贵:看重。

[120] 咈(fú):违背。

[121] 顺而止之,志在必于从也:顺着父母的意愿进行劝谏,而且一定要做到让他们听从意见。

[122] 几谏:语出《论语·里人》,对长辈委婉地进行劝告。见志不从:从父母的表情观察到他们不听从自己的劝谏。又敬不违:又应当恭敬,不得违背父母之意。劳而不怨:虽然担忧,但并不怨恨。劳:忧愁,忧郁。

[123] 《礼》语出《礼记·内则》。下气怡色:形容气色和悦,态度恭顺。起:更加的意思。说:通"悦",高兴的意思。乡党州间:泛指乡里大众。宁(nìng):情愿。孰:通"熟",多次。

[124] 事亲有隐而无犯:语出《礼记·檀弓上》。有隐:不张扬其过失。无犯:不犯颜而谏。

[125] 父母有过,谏而不逆:语出《礼记·祭义》。逆:违逆,冒犯。

[126] 三谏而不听,则号泣而随之:语出《礼记·曲礼下》,意在表达劝谏父母时以情感动之。

[127] 彰:彰显,显明。

[128] 不远:不远播,不张扬。

[129] 善则称亲:有善言善行便归功于父母。善:善行。过则规己:有过错便是因自己所致。过:过错。

[130]《凯风》:《诗经·国风·邶风》中的一篇。母氏圣善,我无令人:母亲善良而贤明,做儿女的却不成器无以回报母亲。令:美好。

[131]《史书》:《史籀篇》,蒙学课本,为周宣王时太史籀所作,共十五篇。

[132] 下意:虚心求教的意思。难问:提出疑问,请教。

[133] 非:责备。

[134] 后:上文提到的和熹邓皇后。重违:难以违背的意思。

[135] 其馀班婕妤、曹大家(gū)之徒:其他的像班婕妤、曹大家等人。班婕妤:西汉才女,汉成帝的嫔妃,为中国文学史上以辞赋见长的女作家之一,为班固、班超和班昭的祖姑。曹大家:班昭,东汉史学家、文学家,为史学家班彪之女、班固之妹,因嫁于曹世叔为妻,故后世称为"曹大家",续写《汉书》,撰写《女诫》。家:通"姑",对女子的敬称。徒:同类的人。

[136] 辟(bì)不辟(pì),忝厥祖:语出《尚书·太甲上》,意为作为君主如果有礼法而不遵循,就会有辱你的先祖。辟不辟:辟(bì)指君主,辟(pì)指法律、法度。忝:有辱,表示辱没他人,自己有愧。厥:文言代词,相当于"其"。

[137] 无念尔祖,聿修厥德:语出《诗经·大雅·文王》,不要只念叨你的祖先,而更要潜心修养你的德行。聿:惟也。

[138]《礼》:语出《礼记·檀弓上》。服:丧服,指丧服期。犹子:本意指的是丧服期而言,自己的儿子服丧一年,兄弟的儿子也服丧一年,后世将兄弟的儿子称为犹子。

[139] 盖:发语词,表示原因。缘情:根据情理。引而进之:根据一定的道理而引导出进一步的说法。

[140] 仲郢:柳仲郢,字谕蒙,柳公绰之子。

[141] 季父:叔父,即父亲的弟弟。太保:柳公权。元公:柳公绰。

[142] 非甚疾:只要不是特别匆忙。疾:紧急,匆忙。

[143] 盐铁使:古代官名,以管理食盐专卖为主,兼掌银铜铁锡的采制。

[144] 通衢:四通八达、宽敞平坦的道路。

[145] 笏(hù):古代君臣在朝廷上相见时手中所拿的狭长板子,用玉、象牙或竹片制成,上面可以记事。

[146] 诸父:伯父、叔父的通称。

[147] 咸宁:晋武帝司马炎的年号。疫:瘟疫,此处意为瘟疫流行。

[148] 毗(pí):庾衮的二哥庾毗。复:数次。危殆:生命危险,危急。

[149] 疠气:疫毒,指瘟疫。方:正在,方才。炽:凶猛,激烈。

[150] 出次:出郊外暂住。

[151] 强(qiǎng):强迫。

[152] 旬:十天为一旬。

[153] 差(chài):通"瘥",病愈。

[154] 一体:同出母体。同气:血气相同。

[155] 兄弟阋(xì)于墙,外御其侮:语出《诗经·小雅·鹿鸣·常棣》,比喻虽然有内部分歧,但能一致对外。阋:争吵,争斗。

[156] 毋独斯畏:意为怕的就是使其感到孤独。

[157] 庸何利乎:有什么好处呢？庸:表示反问,岂。

[158] 虺(huǐ):古代中国传说中的一种毒蛇,常在水中。

[159] 齕(hé):咬。

解 读

本书与中国历史上其他的家训书籍一样,均以治家、齐家为基本内容。本书中选用的案例、典故大多是源于"经""史",言之有据,是一大特色。

《家范》的核心在于"礼",认为治家的核心即为"礼"。"礼",即处理人际关系时,不同的身份所应保持的不同态度,以及基于此态度应采取的言行。有了礼,人与人便能和谐相处,家庭才能和睦团结,进而国家才能安定繁荣。《家范》以"礼"为核心,阐明了在不同的人伦关系中,人所应该具有的态度。

(编注:高芳卉　校对:金　铭)

童蒙须知

〔南宋〕朱　熹

作者简介

朱熹(1130—1200),字元晦,又字仲晦,号晦庵,晚称晦翁,谥文,世称朱文公。南剑州尤溪(今福建省三明市)人。宋朝著名的理学家、思想家、哲学家、教育家、诗人,闽学派的代表人物,儒学集大成者,世人尊称为朱子。

导　读

《童蒙须知》(一作《训学斋规》),是朱熹编订的蒙学读本。朱熹认为,蒙学应该易知易从者,教育子弟,应于日常生活着手,重在切实可行。所以,朱熹编订《童蒙须知》,对儿童提出要求,分为衣服冠履、言语步趋、洒扫涓洁、读书楷子、杂细事宜等目,对儿童生活起居、读书学习、洒扫应对、道德行为等做了详细规定,以此作为养成习惯、培养道德、修养身心的入门之阶,为未来的修身齐家打下基础。

原　文

夫童蒙之学[1],始于衣服冠履,次及语言步趋,次及洒扫涓洁,次及读书写文字,及有杂细事宜,皆所当知。今逐目条列,名曰《童蒙须知》。若其修身治心,事亲[2]接物,与夫穷理尽性[3]之要,自有圣贤典训[4]昭然可考,当次第晓达,兹不复详著云。

衣服冠履第一

大抵为人,先要身体端整,自冠巾衣服鞋袜,皆须收拾爱护,常令洁净整齐。

我先人常训子弟云："男子有三紧,谓头紧、腰紧、脚紧。"头谓头巾,未冠者总髻[5];腰谓以绦或带束腰;脚谓鞋袜。此三者要紧束,不可宽慢。宽慢则身体放肆不端严,为人所轻贱矣。

凡著衣服,必先提整衿领,结两衽纽带,不可令有阙落。[6]饮食照管,勿令污坏;行路看顾,勿令泥渍。

凡脱衣服,必齐整折叠箱箧[7]中,勿散乱顿放,则不为尘埃杂秽所污,仍易于寻取,不致散失。著衣既久,则不免垢腻,须要勤勤洗澣[8],破绽则补缀之,尽补缀无害,只要完洁。

凡盥面,必以巾帨[9]遮护衣领,捲束两袖,勿令有所湿。

凡就劳役,必去上笼衣服,只著短便,爱护勿使损污。

凡日中所著衣服,夜卧必更,则不藏蚤虱,不即敝坏[10]。苟能如此,则不但威仪可法,又可不费衣服。晏子一狐裘三十年[11],虽意在以俭化俗,亦其爱惜有道也。此最饬身[12]之要,毋忽。

语言步趋第二

凡为人子弟,须是常低声下气,语言详缓,不可高言喧哄[13],浮言戏笑。父兄长上有所教督,但当低首听受,不可妄自议论。长上检责,或有过误,不可便自分解,姑且隐默,久却徐徐细意条陈,云此事恐是如此,向者当是偶尔遗忘,或曰当是偶尔思省未至。若尔,则无伤忤,事理自明。至于朋友分上,亦当如此。

凡闻人所为不善,下至婢仆违过,宜且包藏,不应便尔[14]声言,当相告语,使其知改。

凡行步趋跄[15],须是端正,不可疾走跳踯[16]。若父母长上有所唤召,却当疾走而前,不可舒缓。

洒扫涓洁第三

凡为人子弟,当洒扫居处之地,拂拭几案,当令洁净。文字笔砚、凡百器用,皆当严肃整齐,顿放有常处[17],取用既毕,复置元所[18]。父兄长上坐起处,文字纸劄[19]之属,或有散乱,当加意整齐,不可辄自取用。凡借人文字,皆置簿钞录[20]主名,及时取还。窗壁几案文字间,不可书字。前辈云:"坏笔污墨,瘝[21]

子弟职。书几书砚,自黥[22]其面。"此为最不雅洁,切宜深戒。

读书写文字第四

凡读书,须整顿几案,令洁净端正。将书册整齐顿放,正身体对书册,详缓看字,子细[23]分明。读之,须要读得字字响亮,不可误一字,不可少一字,不可多一字,不可倒一字,不可牵强暗记。只是要多诵遍数,自然上口,久远不忘。古人云:"读书千遍,其义自见。"谓熟读则不待解说,自晓其义也。余尝谓读书有三到:谓心到、眼到、口到。心不在此,则眼不看子细,心眼既不专一,却只漫浪[24]诵读,决不能记,记亦不能久也。三到之中,心到最急。心既到矣,眼口岂不能到乎?

凡书册,须要爱护,不可损污绉摺[25]。济阳江禄,书读未完,虽有急速,必待掩束整齐然后起,此最为可法。[26]

凡写文字,须高执墨锭,端正研磨,勿使墨汁污手。高执笔,双钩端楷书字,不得令手指著毫。

凡写字,未问写得工拙如何,且要一笔一画,严正分明,不可潦草。

凡写文字,须要子细看本,不可差讹。

杂细事宜第五

凡子弟,须要早起晏[27]眠。

凡喧哄争斗之处不可近,无益之事不可为。

凡饮食,有则食之,无则不可思索,但粥饭充饥不可阙。

凡向火,勿迫近火旁,不惟举止不佳,且防焚爇[28]衣服。

凡相揖,必折腰。

凡对父母长上朋友,必称名。

凡称呼长上,不可以字,必云某丈。[29]如弟行者[30],则云某姓某丈。

凡出外及归,必于长上前作揖,虽暂出亦然。

凡饮食于长上之前,必轻嚼缓咽,不可闻饮食之声。

凡饮食之物,勿争较多少美恶。

凡侍长者之侧,必正立拱手,有所问,则必诚实对,言不可妄。

凡开门揭帘,须徐徐轻手,不可令震惊声响。

凡众坐,必敛身,勿广占坐席。

凡侍长上出行,必居路之右,住必居左。

凡饮酒,不可令至醉。

凡如厕,必去外衣,下必盥手。

凡夜行,必以灯烛,无烛则止。

凡待婢仆,必端严,勿得与之嬉笑。执器皿必端严,惟恐有失。

凡危险,不可近。

凡道路遇长者,必正立拱手,疾趋而揖。

凡夜卧,必用枕,勿以寝衣覆首。

凡饮食,举匙必置箸[31],举箸必置匙。食已,则置匙箸于案。

杂细事宜,品目甚多,姑举其略,然大概具矣。凡此五篇,若能遵守不违,自不失为谨愿[32]之士,必又能读圣贤之书,恢大此心,进德修业,入于大贤君子之域,无不可者。汝曹[33]宜勉之。①

注 释

[1] 夫:发语词,用于句首,无实际意义。童:儿童。蒙:启蒙。学:入学,学习。

[2] 事亲:侍奉双亲。

[3] 穷理尽性:出自《周易·说卦》"穷理尽兴,以至于命",原指彻底推究事物的道理,透彻了解人的天性,后泛指穷究事理。

[4] 典:经典。训:训诫。

[5] 未冠者:古礼男子年二十而加冠,故未满二十岁为"未冠"。总髻(jì):把头发束起来。髻:在头顶或脑后盘成各种形状的头发。

[6] 衿(jīn):衣襟。领:衣服领子。衽(rèn):通"衽",衣襟。阙(quē):通"缺"。

[7] 箧(qiè):小箱子,藏物之具,大曰箱,小曰箧。

[8] 澣(huàn):通"浣",洗。

---

① 朱杰人,严佐之,刘永翔.朱子全书:第13册[M].上海:上海古籍出版社,合肥:安徽教育出版社,2002:371-376.

[9] 帨(shuì):古时的佩巾,类似现在的手绢。

[10] 不即敝坏:不会马上损坏。

[11] 晏子一狐裘三十年:典出《礼记·檀弓下》:"有若曰:'晏子一狐裘三十年,遣车一乘,及墓而反。'"讲春秋时齐国丞相晏子,提倡节俭,身体力行,一件狐裘穿了三十年。

[12] 饬(chì)身:使自己的思想言行谨严合礼。饬:整顿,使有条理,亦指谨慎,守规矩。

[13] 喧哄:喧闹起哄。

[14] 便尔:马上。

[15] 趋跄(qiāng):形容步趋中节,古时朝拜晋谒须依一定的节奏和规则行步,亦指朝拜,进谒。趋:礼貌性地小步快走,表示恭敬。跄:形容行走合乎礼节。

[16] 踯:徘徊不前。

[17] 常处:经常放的地方。

[18] 元所:原来的地方。元:通"原"。

[19] 纸劄(zhā):以竹片为支架,外糊以纸;或纸制的冥器,也作"纸札"。

[20] 钞录:抄写,誊写。钞:通"抄"。

[21] 瘝(guān):旷废。

[22] 黥(qíng):在脸上刺上记号或文字并涂上墨。

[23] 子细:仔细。子:通"仔"。

[24] 漫:随便。浪:放纵,不受约束。

[25] 绉摺:衣服折叠的痕迹。绉:通"皱"。

[26] 济阳:地名,今河南省兰考县境内。江禄:南北朝时宋人。急速:紧要事。法:效仿。

[27] 晏:迟,晚。

[28] 爇(ruò):烧着。

[29] 不可以字:不可以字相称呼。字:乳名,小名。丈:对长辈的尊称。

[30] 弟行者:有排行的。弟:通"第",次第。

[31] 筯(zhù):筷子。

[32] 谨愿:谨慎老实。

[33] 汝曹:你们。

解 读

　　《童蒙须知》是朱熹为训导子弟而编撰,他的目的很明确,使子弟从小就在生活和学习方面养成良好的行为习惯。朱熹在序言中讲到,童蒙之学,始于衣服、冠履、语言、步趋、洒扫、涓洁、读书、写字及众多杂细事宜,而关于其修身治心等穷理尽性之要,学习圣贤典训内容,当次第晓达。为了实现这个培养目标,他制订了一个十分详细的儿童行为准则,对儿童的生活起居、行为礼节都做了详细的规定和说明。他提倡蒙学从日常生活着手,易知易从,重在切实可行,非常符合儿童身心发展特点。此书后来成为重要的蒙学课本之一,深受后人推崇。

（编注:高芳卉　　校对:金　铭）

袁氏世范(节选)

〔南宋〕袁 采

作者简介

袁采(？—1195)，字君载，信安(今浙江省衢州市)人。南宋隆兴元年(1163)进士，历任乐清、政和、婺源等县县令，官至监登闻鼓院，以廉明刚直闻名于世。因其同情女性、提倡女教的教育主张，被誉为中国历史上"第一个女性同情论者"[①]。

导 读

《袁氏世范》是袁采任温州乐清县令时，为了"厚人伦，美习俗"而为当地民众撰写的家训著作。此书原名为《训俗》，府判刘镇为其作序时，认为该书"岂唯可以施之乐清，达诸四海可也；岂唯可以行之一时，堂诸后世可也"[②]，建议改名为《世范》。《四库全书》收编该书时，其按语中指出"其书于立身处世之道反复详尽""大要明白切要，使览者易知易从，固不失为《颜氏家训》之亚也"[③]。《袁氏世范》共三卷，分《睦亲》《处己》《治家》，每卷之下又分几十个条目，每个条目都有后人根据其意所加的标题，全书共二百余条。比较全面地阐述了封建家庭的伦理关系、治家方法、为人处世之道等。

[①] 陈东原.中国妇女生活史[M].北京：商务印书馆，1937：148.
[②] 刘镇.袁氏世范序.袁采.袁氏世范[M].北京：中华书局，1985：1.
[③] 刘云军校注.袁氏世范[M].北京：商务印书馆，2017：210.

原 文

卷一　睦亲

性不可以强合

人之至亲[1],莫过于父子兄弟,而父子兄弟有不和者,父子或因于责善[2],兄弟或因于争财。有不因责善争财而不和者,世人见其不和,或就其中分别是非,而莫明[3]其由。盖人之性[4],或宽缓[5],或褊急[6],或刚暴[7],或柔懦[8],或严重[9],或轻薄,或持检[10],或放纵,或喜闲静,或喜纷拏[11],或所见者小,或所见者大,所禀自是不同[12]。父必欲子之性合于己,子之性未必然;兄必欲弟之性合于己,弟之性未必然。其性不可得而合,则其言行亦不可得而合,此父子兄弟不和之根源也。况凡临事之际,一以为是,一以为非,一以为当先,一以为当后,一以为宜急,一以为宜缓,其不齐如此,若互欲同于己,必致于争论。争论不胜[13],至于再三,至于十数,则不和之情,自兹而启[14],或至于终身失欢[15]。若悉悟此理[16],为父兄者通情[17]于子弟,而不责子弟之同于己;为子弟者仰承[18]于父兄,而不望父兄惟己之听,则处事之际,必相和协,无乖争[19]之患。孔子曰:"事父母几谏,见志不从,又敬不违,劳而不怨。"[20]此圣人教人和家之要术[21]也,宜熟思之。

人必贵于反思

人之父子,或不思各尽其道,而互相责备者,尤启不和之渐[22]也。若各能反思,则无事矣。为父者曰:"吾今日为人之父,盖前日尝为人之子矣。凡吾前日事亲之道,每事尽善,则为子者得于见闻,不待教诏而知傚[23]。倘吾前日事亲之道,有所未善,将[24]以责其子,得不[25]有愧于心?"为子者曰:"吾今日为人之子,则他日亦当为人之父。今吾父之抚育我者如此,畀付[26]我者如此,亦云厚[27]矣。他日吾之待其子,不异于吾之父,则可以俯仰无愧。若或不及,非惟[28]有负于其子,亦何颜以见其父?"然世之善为人子者,常善为人父;不能孝其亲者,常欲虐其子。此无他,贤者能自反[29],则无往而不善[30];不贤者不能自反,为人子则多怨,为人父则多暴[31]。然则自反之说,惟贤者可以语此。

父子贵慈孝

慈父固[32]多败子,子孝而父或不察[33]。盖中人[34]之性,遇强则避,遇弱则肆[35]。父严而子知所畏,则不敢为非[36];父宽则子玩易[37]而恣[38]其所行矣。子之不肖,父多优容;[39]子之愿悫[40],父或责备之无已。惟贤智之人,即无此患。至于兄友而弟或不恭[41],弟恭而兄或不友;夫正而妇或不顺[42],妇顺而夫或不正,亦由"此强即彼弱,此弱即彼强"积渐[43]而致之。为人父者能以他人之不肖子喻[44]己子,为人子者能以他人之不贤父喻己父,则父慈而子愈孝,子孝而父益慈,无偏胜[45]之患矣。至于兄弟夫妇,亦各能以他人之不及者喻之,则何患不友恭正顺者哉!

孝行贵诚笃

人之孝行,根于诚笃[46],虽繁文末节不至[47],亦可以动天地,感鬼神。尝见世人有事亲不务诚笃[48],乃以声音笑貌缪为恭敬者[49],其不为天地鬼神所诛[50]则幸矣,况望其世世笃孝,而门户昌隆者乎![51]苟能知此,则自此而往,应与物接,[52]皆不可不诚。有识[53]君子,试以诚与不诚者,较其久远,效验[54]孰多?

子弟不可废学

大抵富贵之家,教子弟读书,固欲其取科第,及深究圣贤言行之精微。[55]然命有穷达[56],性有昏明[57],不可责其必[58],尤不可因其不到而使之废学。盖子弟知书[59],自有所谓无用之用者存焉。史传[60]载故事,文集妙词章[61],与夫阴阳卜筮,方技小说,[62]亦有可喜之谈[63],篇卷浩博[64],非岁月可竟[65]。子弟朝夕于其间,自有资益[66],不暇他务。又必有朋旧业儒者[67],相与往还谈论,何至[68]饱食终日,无所用心,而与小人为非[69]也。

教子当在幼

人有数子,饮食衣服之爱,不可不均一[70];长幼尊卑之分,不可不严谨;贤否是非之迹[71],不可不分别。幼而示之以均一,则长无争财之患;幼而教之以严谨,则长无悖慢[72]之患;幼而有所分别,则长无为恶之患。今人之于子,喜者其爱厚,而恶者其爱薄。初不均平,何以保其他日无争!少或犯长[73],而长或陵少[74],初不训责[75],何以保其他日不悖[76]!贤者或见恶[77],而不肖者或见爱,初不允当[78],何以保其他日不为恶!

兄弟贵相爱

兄弟义居[79],固世之美事。然其间有一人早亡,诸父与子侄,其爱稍疏[80],其心未必均齐[81]。为长而欺瞒其幼者有之,为幼而悖慢其长者有之。

顾见[82]义居而交争者,其相疾[83]有甚于路人。前日之美事,乃甚不美矣。故兄弟当分,宜早有所定。兄弟相爱,虽异居异财[84],亦不害[85]为孝义。一有交争,则孝义何在?

背后之言不可听

凡人之家,有子弟及妇女,好传递言语,则虽圣贤同居,亦不能不争。且人之作事,不能皆是,不能皆合他人之意,宁免[86]其背后评议?背后之言,人不传递,则彼不闻知,宁有忿争?惟此言彼闻,则积成怨恨。况两递其言,又从而增易之,[87]两家之怨,至于牢不可解。惟高明之人,有言不听,则此辈自不能离间其所亲。

子弟常宜关防

子孙有过,为父祖者多不自知,贵官尤甚。盖子孙有过,多掩蔽父祖之耳目。外人知之,窃笑而已,不使其父祖知之。至于乡曲[88]贵宦,人之进见[89]有时,称道盛德之不暇[90],岂敢言其子孙之非!况又自以子孙为贤,而以人言为诬,故子孙有弥天之过,而父祖不知也。间[91]有家训稍严,而母氏犹有庇其子之恶[92],不使其父知之。富家之子孙不肖,不过耽酒好色,赌博近小人,破家之事而已。贵宦之子孙,不止此也。其居乡也,强索人之酒食,强贷人之钱财,强借人之物而不还,强买人之物而不偿[93];亲近群小,则使之假势[94]以陵人;侵害善良,则多致饰词以妄讼[95];乡人有曲理犯法事,认为己事,名曰担当;乡人有争讼,则伪作父祖之简[96],干恳[97]州县,求以曲为直[98];差夫借船,放税[99]免罪,以其所得为酒色之娱,殆[100]非一端也。其随侍[101]也,私令市贾[102]买物,私令吏人买物,私托场务[103]买物,皆不偿其直[104];吏人补名[105],吏人免罪,吏人有优润[106],皆必责其报[107];典[108]买婢妾,限以低价,而使他人填赔[109];或同院子游狎[110],或干[111]场务放税,其他妄有求觅,亦非一端,不恤误其父祖,陷于刑辟[112]也。凡为人父祖者,宜知此事,常关防[113],更常询访[114],或庶几[115]焉。

孤女财产随嫁分给

孤女有分[116],近随力厚嫁;合得田产,必依条分给。[117]若吝于目前,必致嫁后有所陈诉。

孤女宜早议亲

寡妇再嫁,或有孤女,年未及嫁。如内外亲戚,有高义者,宁若[118]与之议亲,使鞠养于舅姑之家[119],俟其长而成亲。若随母而归义父之家,则嫌疑之间,多不自明。

寡妇治生[120]难托人

妇人有以其夫蠢懦,而能自理家务,计算钱谷出入,人不能欺者,有夫不肖,而能与其子,同理家务,不致破家荡产者,有夫死子幼,而能教养其子,敦睦[121]内外姻亲,料理家务,至于兴隆者,皆贤妇人也。而夫死子幼,居家营生[122],最为难事。托之宗族[123],宗族未必贤,托之亲戚,亲戚未必贤。贤者又不肯预[124]人家事,惟妇人自识书算,而所托之人,衣食自给,稍识公义,则庶几焉。[125]不然,鲜不破家[126]。

男女不可幼议婚

人之男女,不可于幼小之时,便议婚姻。大抵女欲得托,男欲得偶,若论目前,悔必在后。盖富贵盛衰,更迭不常;男女之贤否,须年长乃可见。若早议婚姻,事无变易,固为甚善,或昔富而今贫,或昔贵而今贱,或所议之婿,流荡不肖[127],或所议之女,很戾不检[128]。从其前约,则难保家;背其前约,则为薄义,而争讼由之以兴,可不戒哉!

女子可怜宜[129]加爱

嫁女须随家力,不可勉强。然或财产宽馀,亦不可视为他人,不以分给。今世固有生男不得力,而依托女家,及身后葬祭,皆由女子者,岂可谓生女之不如男也!大抵女子之心,最为可怜,母家富而夫家贫,则欲得母家之财以与[130]夫家;夫家富而母家贫,则欲得夫家之财以与母家。为父母及夫者宜怜而稍从之。及其有男女嫁娶之后,男家富而女家贫,则欲得男家之财以与女家;女家富而男家贫,则欲得女家之财以与男家。为男女者亦宜怜而稍从之。若或割贫益富[131],此为非宜,不从可也。

卷二 处己

人之智识有高下

人之智识[132],固有高下,又有高下殊绝[133]者。高之见下,如登高望远,无不尽见;下之视高,如在墙外,欲窥墙里。若高下相去差近,犹可与语;[134]若相去远甚[135],不如勿告[136],徒费舌颊[137]尔。譬如弈棋,若高低止较三五著[138],尚可对弈,国手与未识筹局之人对弈[139],果如何哉?

处富贵不宜骄傲

富贵乃命分[140]偶然,岂宜以此骄傲乡曲!若本自贫窭[141],身致富厚,本自寒素[142],身致通显[143],此虽人之所谓贤,亦不可以此取尤[144]于乡曲。若因父祖之遗资而坐飨肥浓[145],因父祖之保任而驯致通显[146],此何以异于常人!其间有欲以此骄傲乡曲,不亦羞而可怜哉!

礼不可因人分轻重

世有无知之人,不能一概礼待乡曲[147],而因人之富贵贫贱,设[148]为高下等级。见有资财有官职者,则礼恭而心敬。资财愈多,官职愈高,则恭敬又加[149]焉。至视贫者贱者,则礼傲而心慢[150],曾不少顾恤[151]。殊不知彼之富贵,非我之荣,彼之贫贱,非我之辱,何用高下分别如此?长厚有识君子,必不然也。[152]

穷达自两途

操履与升沈[153],自是两途。不可谓操履之正,自宜荣贵,操履不正,自宜困阨[154]。若如此,则孔颜[155]应为宰辅,而古今宰辅达官,不复小人矣。盖操履自是吾人当行之事,不可以此责效[156]于外物。责效不效,则操履必怠[157],而所守[158]或变,遂为小人之归矣[159]。今世间多有愚蠢而飨富厚,智慧而居贫寒者,皆自有一定之分,不可致诘[160]。若知此理,安而处之,岂不省事?

忧患顺受则少安

人生世间,自有知识以来,即有忧患不如意事。小儿叫号,皆其意有不平。自幼至少至壮至老,如意之事常少,不如意之事常多。虽大富贵之人,天下之所仰羡[161]以为神仙,而其不如意处,各自有之,与贫贱人无异,特[162]所忧虑之事异尔。故谓之缺陷世界,以[163]人生世间,无足心满意者。能达[164]此理而顺受之,则可少安。

性有所偏在救失

人之德性[165],出于天资者[166],各有所偏[167]。君子知其有所偏,故以其所习为而补之,则为全德之人。[168]常人不自知其偏,以其所偏而直情径行[169],故多失。《书》言九德[170],所谓宽柔愿乱扰直简刚强者,天资也;所谓栗立恭敬毅温廉塞义者,习为也。[171]此圣贤之所以为圣贤也。后世有以性急而佩韦[172]、性缓而佩弦者[173],亦近此类。虽然[174],己之所谓偏者,苦不自觉[175],须询[176]之他人乃知。

人行有长短

人之性行[177]，虽有所短，必有所长。与人交游，若常见其短而不见其长，则时日[178]不可同处；若常念其长而不顾其短，虽终身与之交游可也。

人贵忠信笃敬

言忠信，行笃敬，[179]乃圣人教人取重[180]于乡曲之术。盖财物交加[181]，不损人而益己，患难之际，不妨人而利己，所谓忠也。有所许诺，纤毫必偿[182]，有所期约[183]，时刻不易[184]，所谓信也。处事近厚[185]，处心诚实，所谓笃也。礼貌卑下，言辞谦恭，所谓敬也。若能行此，非惟取重于乡曲，则亦无入而不自得。然敬之一事，于己无损，世人颇能行之，而矫饰[186]假伪，其中心则轻薄，是能敬而不能笃者，君子指为谀佞[187]，乡人久亦不归重[188]也。

厚于责己而薄责人

忠信笃敬，先存其在己者，然后望[189]其在人者。如在己者未尽而以责人，人亦以此责我矣。今世之人，能自省其忠信笃敬者盖寡，能责人以忠信笃敬者皆然也。虽然，在我者既尽，在人者亦不必深责。今有人能尽其在我者固善矣，乃欲责人之似己，一或[190]不满吾意，则疾[191]之已甚，亦非有容德[192]者，只益贻怨于人耳！

公平正直人之当然

凡人行己[193]，公平正直，可用此以事神[194]，而不可恃此以慢神[195]；可用此以事人，而不可恃此以傲人。虽孔子亦以敬鬼神事大夫畏大人为言[196]，况下此者哉[197]！彼有行己不当理者[198]，中有所惧[199]，动辄知畏，犹能避远灾祸，以保其身。至于君子而偶罹[200]于灾祸者，多由自负以召致之耳。

小人当敬远

人之平居[201]，欲近君子而远小人者，君子之言，多长厚端谨[202]，此言先入于吾心，及吾之临事，自然出于长厚端谨矣；小人之言，多刻薄浮华，此言先入吾心，及吾之临事[203]，自然出于刻薄浮华矣。且如朝夕闻人尚气好凌人之言[204]，吾亦将尚气好凌人而不觉矣；朝夕闻人游荡不事绳检之言[205]，吾亦将游荡不事绳检而不觉矣。如此非一端，非大有定力，必不免渐染[206]之患也。

君子有过必思改

圣贤犹不能无过，况人非圣贤，安得[207]每事尽善！人有过失，非其父兄，孰肯诲责[208];非其契爱[209],孰肯谏谕[210]。泛然[211]相识,不过背后窃议之耳。君子惟恐有过,密访人之有言[212],求谢[213]而思改。小人闻人之有言,则好为强辨[214],至绝[215]往来,或起争讼者有矣。

言语贵简当

言语简寡[216],在我可以少悔[217];在人可以少怨[218]。

小人为恶不必谏

人之出言举事[219],能思虑循省[220],而不幸有失,则在可谏可议之域[221]。至于恣[222]其情性而妄言妄行[223],或明知其非而故为之者,是人必挟其凶暴强悍,以排人之议己。[224]善处乡曲者,如见似此之人,非惟不敢谏诲[225],亦不敢置于言议之间[226],所以远悔辱也。尝见人不忍平昔所厚之人有失[227],而私纳[228]忠言,反为人所怒曰:"我与汝至相厚,汝亦谤我耶!"孟子曰:"不仁者可与言哉?"

觉人不善知自警

不善人虽人所共恶[229],然亦有益于人。大抵见不善人则警惧[230],不至自为不善。不见不善人则放肆,或至自为不善而不觉[231]。故家无不善人,则孝友之行不彰[232];乡无不善人,则诚厚之迹不著[233]。譬如磨石,彼自销损[234]耳,刀斧资[235]之以为利。老子云:"不善人乃善人之资[236]。"谓此尔。若见不善人而与之同恶相济[237],及与之争为长雄[238],则有损而已,夫何益[239]?

正己可以正人

勉人为善[240],谏人为恶,固是美事,先须自省。若我之平昔,自不能为人,岂惟人不见听[241],亦反为人所薄[242]。且如己之立朝[243]可称,乃可诲人以立朝之方;己之临政[244]有效,乃可诲人以临政之术;己之才学为人所尊,乃可诲人以进修[245]之要;己之性行为人所重[246],乃可诲人以操履[247]之详;己能身致富厚,乃可诲人以治家之法;己能处父母之侧而谐和无间,乃可诲人以至孝之行。苟[248]惟不然,岂不反为所笑?

浮言不足恤[249]

人之出言至善,而或有议之者;人有举事至当[250],而或有非之者。盖众心难一,众口难齐如此。君子之出言举事,苟揆[251]之吾心,稽之古训[252],询之贤者,于理无碍,则纷纷之言[253],皆不足恤,亦不必辨。自古圣贤,当代宰辅[254],一时守令[255],皆不能免,况居乡曲,同为编氓[256],尤其所无畏,或轻议己,亦何怪焉！大抵指是为非，必妒忌之人，及素[257]有仇怨者。此曹何足以定公论[258]，正当勿恤勿辩也。

言语虑后则少怨尤[259]

亲戚故旧，人情厚密[260]之时，不可尽以密私之事语之[261]，恐一旦失欢，则前日所言，皆他人所凭以为争讼之资[262]。至有失欢之时，不可尽以切实[263]之语加之，恐忿气[264]既平之后，或与之通好结亲，则前言可愧。大抵忿怒之际，最不可指其隐讳之事，而暴[265]其父祖之恶。吾之一时怒气所激，必欲指其切实而言之，不知彼之怨恨，深入骨髓。古人谓"伤人之言，深于矛戟[266]"是也。俗亦谓"打人莫打膝，道人莫道实"。

与人言语贵和颜[267]

亲戚故旧，因言语而失欢者，未必其言语之伤人，多是颜色辞气暴厉[268]，能激人之怒。且如谏人之短，语虽切直[269]，而能温颜下气[270]，纵[271]不见听，亦未必怒。若平常言语，无伤人处，而词色俱厉[272]，纵不见怒，亦须怀疑。古人谓"怒于室者色于市[273]"，方其有怒，与他人言，必不卑逊[274]。他人不知所自，安得不怪！故盛怒之际，与人言话，尤当自警。前辈有言诫酒后，语忌食时，嗔忍难耐，[275]事顺自强，[276]人常能持此，最得便宜。

才行高人自服

行高[277]人自重，不必其貌之高；才高[278]人自服，不必其言之高。

礼义制欲之大闲[279]

饮食，人之所欲而不可无也，非理求之，则为饕[280]为馋；男女，人之所欲而不可无也，非理狎[281]之，则为奸为滥；财物，人之所欲而不可无也，非理得之，则为盗为脏。人惟[282]纵欲，则争端启而狱讼兴。圣王虑其如此，故制为礼[283]，以节人之饮食男女，制为义，以限人之取与。[284]君子于是三者[285]，虽知可欲，而不敢轻形于言，[286]况敢妄萌于心？小人反是。

子弟当习儒业

士大夫之子弟，苟无世禄[287]可守，无常产[288]可依，而欲为仰事俯育[289]之计，莫如为儒。其才质[290]之美，能习进士业者，上可以取科第，致富贵，次可以开门教授，以受束修之奉[291]。其不能习进士业者，上可以事笔札[292]，代笺简之役[293]，次可以习点读[294]，为童蒙之师。如不能为儒，则巫医僧道农圃商贾伎术，凡可以养生而不至于辱先[295]者，皆可为也。子弟之流荡，至于为乞丐盗窃,此最辱先之甚。然世之不能为儒者,乃不肯为巫医僧道农圃商贾伎术等事,而甘心为乞丐盗窃者,深可诛[296]也。凡强颜[297]于贵人之前而求所谓应副[298];折腰于富人之前而托名于假贷[299];游食于寺观而人指为穿云子[300],皆乞丐之流也。居官而掩蔽众目,盗财入己;居乡而欺凌愚弱,夺其所有;私贩官中所禁茶盐酒酤[301]之属,皆窃盗之流也。世人有为之而不自愧者何哉!

卷三 治家

睦邻里以防不虞

居宅不可无邻家,虑有火烛,无人救应[302]。宅之四围,如无溪流,当为池井[303],虑有火烛,无水救应。又须平时抚恤邻里,有恩义。有士大夫平时多以官势残虐[304]邻里,一日为仇人刃其家[305],火其屋宅[306]。邻居更相戒[307]曰:"若救火,火熄之后,非惟无功,彼更讼我,以为盗取他家财物,则狱讼未知了期[308]!若不救火,不过杖一百而已。"邻里甘受杖而坐视其大厦为煨烬[309],生生之具无遗[310]。此其平时暴虐之效也。

火起多从厨灶

火之所起,多从厨灶。盖厨屋多时不扫,则埃墨[311]易得引火。或灶中有留火,而灶前有积薪[312]接连,亦引火之端[313]也。夜间最当巡视。

焙物宿火宜儆戒[314]

烘焙物色[315]过夜,多致遗火[316]。人家房户,多有覆盖宿火,而以衣笼[317]罩之上,皆能致火,须常戒儆[318]。

田家致火之由

蚕家屋宇低隘[319],于炙簇[320]之际,不可不防火。农家储积粪壤[321],多为茅屋。或投死火[322]于其间,须防内有馀烬未灭,能致火烛。

致火不一类

茅屋须常防火;大风须常防火;积油物,积石灰,须常防火。此类甚多,切须询究[323]。

小儿不可带金宝

富人有爱其小儿者,以金银珠宝之属饰其身。小人有贪者,于僻静处,坏其性命而取其物。虽闻于官而置于法[324],何益?

小儿不可独游街市

市邑[325]小儿,非有壮夫携负[326],不可令游街巷,虑有诱略[327]之人也。

小儿不可临深[328]

人之家居,井必有干[329],池必有栏[330]。深溪急流之处,峭险高危之地,机关触动之物[331],必有禁防,不可令小儿狎而临之[332]。脱有疎虞[333],归怨于人,何及。

邻里贵和同

人有小儿,须常戒约[334],莫令与邻里损折果木之属。人养牛羊,须常看守,莫令与邻里踏践山地六种之属[335]。人养鸡鸭,须常照管,莫令与邻里损啄菜茹[336]六种之属。有产业之家,又须各自勤谨,坟茔山林,欲聚丛长茂荫映[337],须高其围墙,令人不得踰越。园圃种植菜茹六种,及有时果[338]去处,严其篱围,不通人往来,则亦不至临时责怪他人也。

交易宜著法[339]绝后患

凡交易必须项项合条,即无后患。不可凭恃人情契密[340],不为之防,或有失欢,则皆成争端。如交易取钱未尽,及赎产不曾取契之类,宜即理会去著[341],或即闻官,以绝将来词诉[342]。切戒切戒!

造桥修路宜助财力

乡人有纠率[343]钱物,以造桥修路,及打造渡航者,宜随力助之,不可谓舍财不见获福而不为。且如造路既成,吾之晨出暮归,仆马无疏虞[344],及乘舆马,过桥渡,而不至惴惴者,[345]皆所获之福也。①

注　释

[1] 至亲:关系最近的亲属,也可指其他关系很亲密的人。

[2] 责善:责其向善。

[3] 明:明白,清楚。

[4] 盖:承上文申说缘由。性:性格,性情。

[5] 宽缓:性格宽容,和缓。

---

① 袁采.袁氏世范[M].北京:中华书局,1985:1-2,4-6,10-12,14,17-20,23-33,36-37,40,47-48,59,62,64.

[6] 褊(biǎn)急:气量狭小,性情急躁。褊:狭小,狭隘。

[7] 刚暴:刚猛暴戾。

[8] 柔懦:优柔懦弱。

[9] 严重:处事严肃、认真、庄重。

[10] 持检:坚持自我约束。持:坚持。检:约束,限制。

[11] 纷拏(ná):牵持杂乱。拏:牵引,连结。

[12] 禀:承受,领受。自:自然,当然。

[13] 不胜:不尽。胜:尽。

[14] 兹:此。启:开始。

[15] 失欢:失和。

[16] 悉悟:理解。悉:知道,了解。悟:领会。

[17] 通情:通达情理。

[18] 仰承:敬受,承受,用于表达下对上的敬意。

[19] 乖争:纷争。

[20] 事父母几(jī)谏,见志不从,又敬不违,劳而不怨:语出《论语·里仁》,意为侍奉父母,如果父母有不对的地方要委婉地劝说。窥见父母的心志不听从规劝,还是要对他们恭恭敬敬,不违背初衷而有所懈弃,替他们操劳而没有丝毫怨恨的心理。事:侍奉。几:轻微,婉转。谏:规劝(君主、尊长或朋友),使改正错误。违:不遵照,不依从。

[21] 要术:重要的方法,策略。

[22] 渐:开端,开始,苗头。

[23] 教诏:教诲,教导。傚:通"效",仿效,模仿。

[24] 将:且,又。

[25] 得不:岂不。

[26] 畀(bì)付:给予,赋予。畀:给,给予。

[27] 厚:优厚。

[28] 非惟:不只,不仅。

[29] 贤者:有道德、有才能的人。自反:自我反省。

[30] 无往而不善:不论做什么事,都没有做不好的。

[31] 暴:凶,暴躁。

[32] 固:固然,诚然。

[33] 或:也许。察:仔细看。

[34] 中人:一般人,普通人。

[35] 肆:放肆,任意妄为。

[36] 为非:做坏事。

[37] 宽:宽恕,宽容。玩易:轻视。

[38] 恣:放纵。

[39] 不肖:不成材,不正派。优容:优待宽容。

[40] 愿悫(què):谨慎老实。悫:诚实。

[41] 友:友善。恭:恭敬。

[42] 正:端正。顺:顺从。

[43] 积渐:逐渐积累。

[44] 喻:晓喻,开导。

[45] 偏胜:一方超越另一方,失去平衡。

[46] 诚笃:忠诚厚道。

[47] 虽:即使。繁文末节:烦琐的仪式和细小的礼节。至:表示达到某种程度。

[48] 尝:曾,曾经。务:致力,从事。

[49] 乃:而。缪:通"谬",诈,错误。

[50] 诛:杀,此处指责罚。

[51] 况:况且,何况。笃孝:表示十分孝顺。昌隆:昌盛兴隆。

[52] 而往:以后。应与物接:待人接物,打交道,应酬接待。

[53] 有识:有见识的。

[54] 效验:效果,成效。

[55] 固:本来。取科第:在科举考试中第。精微:精深隐微。

[56] 穷达:困顿与显达。穷:不得志,不通达。达:得志,通达。

[57] 昏明:愚昧与明智。昏:糊涂。明:明白。

[58] 到:及,至。

[59] 知书:此处指有文化。

[60] 史传:史册,史书。

[61] 文集:人物诗文作品的汇编。词章:亦作"辞章",此处指诗文。

[62] 夫:那些。阴阳:日月运转之学。卜筮:占卜。方技:古时泛指医、卜、星、

象等方法技术。小说:泛指丛杂之著作。

[63] 可喜:令人高兴。谈:言谈,言论。

[64] 浩博:广大,众多,数量大。

[65] 竟:终了,完毕。

[66] 资益:增益,好处,利益。

[67] 朋旧:朋友,故旧。业儒者:以儒学为业的人。业:以……为业。

[68] 何至:怎么至于。

[69] 为非:做坏事。

[70] 均一:平均。

[71] 贤否(pǐ):好和坏。否:恶,邪恶。迹:事迹,迹象。

[72] 悖慢:违逆傲慢。

[73] 犯长:冒犯长辈。

[74] 陵少:欺压年少的人。陵:通"凌",欺凌。

[75] 训责:责备。

[76] 不悖:不违背,不抵触。

[77] 见恶(wù):被厌恶。见:表被动,相当于"被"。恶:厌恶,讨厌。

[78] 允当:公平适当。允:得当,公平。

[79] 义居:孝义之家世代同居。

[80] 稍疎(shū):渐渐疏远。疎:通"疏"。

[81] 均齐:一样。

[82] 顾见:看见。

[83] 相疾:相互厌恶。

[84] 异居:分开居住。异财:分开财产。

[85] 害:妨碍。

[86] 宁免:岂能避免。宁:岂能。

[87] 两递:两方面传递。增易:增加改变。

[88] 乡曲:乡里。

[89] 进见:上前会见尊长者等。

[90] 盛德:大德,高尚的品德。不暇:没有空闲,来不及。暇:空闲。

[91] 间:间或,断断续续。

[92] 母氏:母亲。庇:包庇,庇护。恶:罪恶。

[93] 偿:还,付钱。
[94] 假势:借势,仗势。假:凭借,借助。
[95] 饰词:编造粉饰言辞。妄:胡乱。讼:争论,喧哗。
[96] 简:简札,此处指书信。
[97] 干恳:恳求。
[98] 以曲为直:此处指以歪理为正理。
[99] 放税:免税。
[100] 殆:大概,可能。
[101] 随侍:随从。
[102] 市贾(gǔ):市场上的商人。
[103] 场务:五代、宋代盐铁等专卖管理机构。场:生产和专卖盐铁的机构。务:税收机构。
[104] 直:通"值",指价值。
[105] 补名:补上空缺的名额。旧时官员有缺额时,选人替补,叫补名。
[106] 优润:盈余,利益。
[107] 报:报酬,酬劳。
[108] 典:典当,抵押。
[109] 填赔:补偿。
[110] 院子:豪门世家管理出入收发的仆人。游狎:游玩,戏弄。
[111] 干:干预,干涉,冒犯。
[112] 刑辟:刑事法律。辟:法律。
[113] 关防:防范。
[114] 询访:询问。
[115] 庶几:也许,差不多,指可能避免。
[116] 孤女:少年丧父或无父无母之女子。有分(fèn):分得一份财物。
[117] 合得:应得。依条:按照有关的条款。
[118] 宁若:宁愿。
[119] 鞠养:抚养,养育。舅姑:古时指公婆。
[120] 治生:经营家业,谋生计。
[121] 敦睦:亲厚和睦。敦:厚道。睦:和睦。
[122] 居家营生:当家过日子。

[123] 宗族:同宗同族的人。

[124] 预:参与,干预。

[125] 公义:公正义理。庶几:差不多,有希望。

[126] 鲜(xiǎn):很少。破家:耗尽家产,败家。

[127] 流荡:放荡,不受约束。不肖:不才,不正派。

[128] 很戾:凶恶乖戾。很:通"狠"。检:检点,约束。

[129] 宜:应该,应当。

[130] 以与:拿给。

[131] 割贫益富:减少贫困家庭的财富用以增加富家的财富。

[132] 智识:智力,识见。

[133] 殊绝:差别很大。殊:很,极。绝:极,非常。

[134] 差近:差距近。与语:一起说话。

[135] 相去远甚:相互之间存在很大的差距或距离。

[136] 勿告:不要告诉。

[137] 舌颊:口舌。颊:两腮。

[138] 止较:只相差。止:通"只"。较:较量。著:通"着"(zhāo),指下棋时落一子或走一步。

[139] 国手:国中艺能出众之人。筹局:棋局。

[140] 命分:命运。

[141] 贫窭(jù):贫穷。

[142] 寒素:家境贫寒。

[143] 通显:官位高,名声大。

[144] 取尤:招致怨恨。尤:突出。

[145] 遗资:遗产。飨(xiǎng):通"享"。肥浓:肥美的食物和浓艳的衣着。

[146] 保任:担保。驯:逐渐。致:达到。

[147] 一概:表示适用于全体,没有例外。礼待:以礼相待,表示敬意。

[148] 设:安排,设置。

[149] 又加:更增加。又:更,再。

[150] 慢:傲慢。

[151] 曾:尚,竟。少:通"稍",稍稍。顾恤:怜悯同情。

[152] 长厚有识:德高望重,有见识。然:这样。

[153] 操履:操行,品行。升沉:仕途的沉浮。沈:通"沉"。

[154] 困陑:生活境遇艰难窘迫。

[155] 孔颜:孔子和颜回。

[156] 责效:取得成效。

[157] 怠:懈怠,疲倦。

[158] 所守:所奉行的操守。守:遵循,遵守。

[159] 遂为:竟然成为。遂:竟然,终于。归:归宿,结局。

[160] 致诘:责问,追究。

[161] 仰羡:仰慕羡慕。

[162] 特:只,仅,独,不过。

[163] 以:因,因为。

[164] 达:通。

[165] 德性:道德品质。

[166] 天资:天生的素质。

[167] 偏:偏向,不正。

[168] 习为:学习与修为。全德:道德上完美无缺。

[169] 直情径行:凭着自己的意志而径直做事。

[170]《书》:《尚书》。九德:《尚书·皋陶谟》中载有九德"宽而栗、柔而立、愿而恭、乱而敬、扰而毅、直而温、简而廉、刚而塞、强而义",意为宽宏而又坚栗,柔顺而又卓立,谨厚而又严恭,多才而又敬慎,驯服而又刚毅,正直而又温和,简易而又方正,刚正而又笃实,坚强而又合宜。

[171] 资:天资,指先天的。习:后天习得。

[172] 性急而佩韦:性子急躁的人佩戴柔软的皮子,以提醒自己不要性急。佩:佩戴。韦:熟牛皮,此处指皮绳。

[173] 性缓而佩弦:性情迟缓的人佩戴绷紧的弓弦,以提醒自己不要性缓。弦:弓弦。

[174] 虽然:即使这样。

[175] 苦:为某事所苦恼。自觉:自知。觉:觉察,看出来。

[176] 询:询问。

[177] 性行:性格品行。

[178] 时日:时间很短,犹言一时。

[179] 言:言语。忠:忠诚。信:信用。行:行为。笃:忠诚,厚道。敬:严肃,慎重。

[180] 取重:得到重视、尊重。

[181] 交加:错杂,相加。

[182] 偿:实现。

[183] 期约:共同遵守的约定。

[184] 易:改变。

[185] 近厚:亲近厚道。

[186] 矫饰:虚伪,做作。

[187] 谀:奉承,谄媚。佞:能说会道,花言巧语。

[188] 归重:犹推重。

[189] 望:指望,期待。

[190] 一或:或者,一旦。

[191] 疾:厌恶,憎恨。

[192] 容德:宽容的道德。

[193] 行己:立身行事。

[194] 用:因,由于。事:侍奉。

[195] 恃:依靠,凭借。慢:怠慢。

[196] 大人:身居高位之人。为言:作为谈话的话题。

[197] 况下此者哉:何况在他(孔子)以下的人呢。

[198] 彼:他,他们。不当理:不合道理。

[199] 中有所慊(qiàn):内心有所不满。中:内心。慊:不满,遗憾。

[200] 罹:遭遇。

[201] 平居:平日,平素。

[202] 长(zhǎng)厚:恭谨宽厚。端谨:端正谨饬。

[203] 临事:处事,遇事。

[204] 尚气:意气用事。好凌人之言:喜好说压倒别人的话。好:喜好。凌:侵犯,欺负。

[205] 游荡:游手好闲,不务正业。不事绳检:不按照规矩、法度办事。绳检:约束,规矩,法度,世俗礼法。

[206] 渐染:因接触久了而逐渐受到影响,潜移默化。

[207] 安得:哪能。
[208] 诲责:教诲督责。
[209] 契爱:投合友爱。契:合,投合。
[210] 谏谕:劝谏晓喻。
[211] 泛然:一般的,普通。
[212] 密访:暗中探访。有言:有话,有意见。
[213] 谢:道歉。
[214] 强辨:能言善辩。辨:通"辩"。
[215] 绝:断绝。
[216] 简寡:简略,稀少。
[217] 少:减少。悔:后悔。
[218] 怨:怨恨,抱怨。
[219] 出言:说话。举事:行事,办事。
[220] 循省:省察。
[221] 域:范围。
[222] 恣:放纵。
[223] 妄言:信口胡说。妄行:胡作非为。
[224] 是:此,这。挟:怀着,藏着。排:排斥,排挤。
[225] 非惟:不仅。谏诲:规劝教诲。
[226] 置:放置。言议:言谈议论。
[227] 平昔:平日,往日。厚:关系亲密。
[228] 私纳:暗中进谏。
[229] 共恶(wù):共同厌恶。
[230] 警惧:戒备,担心。
[231] 觉:发觉,觉察。
[232] 孝友之行:孝敬父母友爱兄弟的品行。彰:明显,显著。
[233] 诚厚之迹:忠诚厚道的事迹。迹:通"迹"。著:明显,显著。
[234] 彼自销损:磨石自相消耗减损。彼:它们,此处指磨石。销:通"消",消失。
[235] 资:凭借。
[236] 不善人乃善人之资:语出《老子》第二十七章,指恶人是好人的借鉴。

[237] 同恶相济:恶人之间相互帮助,狼狈为奸。相济:互相帮助。

[238] 长雄:为首,称雄的强者。

[239] 夫何益:哪里有什么好处。

[240] 勉:劝勉,鼓励。

[241] 岂惟:难道只是,何止。见:表示被动,相当于"被"。

[242] 薄:轻视。

[243] 立朝:在朝为官。

[244] 临政:处理政务。

[245] 进修:进德修业。

[246] 性行:本性和行为。重:尊重。

[247] 操履:操行,品行。

[248] 苟:如果,假使。

[249] 浮言:浮华不实的言论。恤:忧,忧虑。

[250] 至当:最恰当。

[251] 揆(kuí):估量,揣测。

[252] 稽:考证。古训:古代人遵行和推崇的准则,古代流传下来的典籍或可以作为准绳的话。

[253] 纷纷之言:杂乱的话。

[254] 宰辅:辅政大臣,宰相。

[255] 守令:太守、县令等地方官的通称。

[256] 编氓(méng):老百姓。编:编入户籍。

[257] 素:平日,一向。

[258] 曹:辈,类。公论:公众的言论。

[259] 怨尤:怨恨责怪。

[260] 厚密:深厚密切。

[261] 密私:私密。语:说。

[262] 凭:依靠,依据。资:资本,凭借。

[263] 切实:切合实际,实实在在。

[264] 忿气:怒气。忿:愤怒,怨恨。

[265] 暴:显露,暴露。

[266] 伤人之言,深于矛戟:语出《荀子·荣辱》,意思是用言语伤害别人,比用

兵器刺伤还要厉害。

［267］和颜：和蔼的面色。

［268］颜色：面色，脸色。辞气：语气，口气。暴厉：粗暴严厉。

［269］切直：恳切率直。

［270］温颜下气：面色温和，语气平缓。

［271］纵：纵然。

［272］词色：言语和神态。厉：严肃，严厉。

［273］怒于室者色于市：语出《左传·昭公十九年》，意思指在家里受气，到外边必迁怒于人。

［274］卑逊：谦虚恭谨。

［275］诫：警诫，警惕，戒备。嗔(chēn)：怒，生气。

［276］顺：迁就。自强：自己努力向上，奋发图强。

［277］行高：品行高尚。

［278］才高：才能高超。

［279］大闲：基本的行为准则。闲：本意为栅栏，引申为准则。

［280］饕(tāo)：贪婪，贪食，贪财。

［281］狎：亲近而不庄重，戏弄。

［282］惟：只要。

［283］制为礼：制定社会规范。

［284］制为义：制定思想行为的标准。取与：拿取和给予。

［285］是：这。三者：上文中的"饮食""男女"和"财物"。

［286］可欲：足以引起欲念的事物。轻形：轻易地表现。

［287］世禄：世代享有的俸禄。

［288］常产：恒产，固定的家产。

［289］仰事俯育：对上侍奉父母，对下养育子女，泛指维持生计。

［290］才质：资质。

［291］束修：十条干肉，指学生交给老师的报酬。奉：薪俸，酬金。

［292］笔札：毛笔和简牍，此处指从事写作或文牍的工作。

［293］代笺简之役：代替别人写信。代：代替。笺简：都是指书信。役：事情。

［294］点读(dòu)：点画句读。读：语句中的停顿。

［295］辱先：玷辱先人。

[296] 深可诛:非常应该批判。

[297] 强颜:厚颜,不知羞耻。

[298] 应副:照顾,供应。

[299] 假贷:借贷。

[300] 穿云子:专往各种庙宇讨饭吃的人。

[301] 酤(gū):酒的一种。

[302] 救应:救援接应。

[303] 当为池井:应当挖凿水池或水井。

[304] 残虐:残害虐待。

[305] 为:被。刃其家:用刀砍他的家人。刃:刀,此处用作动词,指用刀砍。

[306] 火其屋宅:用火烧他的房屋。火:此处用作动词,指用火烧。

[307] 戒:警告,劝诫。

[308] 狱讼:讼事,讼案。了期:尽头。

[309] 煨烬:灰烬,燃烧后的残余物。

[310] 生生之具:生活用具。遗:遗漏,留下。

[311] 埃墨:烟灰。

[312] 积薪:堆积的柴草。

[313] 端:原因,征兆。

[314] 焙物:用微火烘烤物品。宿火:隔夜未熄的火,预先留下的火种。宜:应该,应当。儆戒:同警戒,表示戒备的意思。

[315] 物色:物品,东西。

[316] 遗火:失火。

[317] 衣笼:烘烤衣服的架子,形状像笼子。

[318] 戒儆:警戒。

[318] 蚕家:养蚕的人家。屋宇:房屋。低隘:低矮狭窄。

[320] 炙簇:此处指烘烤蚕做茧的草靶子。

[321] 粪壤:粪土。

[322] 死火:没有完全燃尽的火灰。

[323] 切须询究:确实应该询问探究。

[324] 闻于官:说给官府听,即告到官府。置于法:用法律处置。置:放置,安置。

[325] 市邑：市镇，城镇。

[326] 携负：背负。

[327] 诱略：诱骗，劫掠。

[328] 临：靠近，接近。深：深处。

[329] 干：井边的栏杆，指防护措施。

[330] 栏：栏杆。

[331] 机关：设有机件而能制动的装置。触动：一触即动。

[332] 狎：接近。临：接近，临近。

[333] 脱：如果，假若。疏虞：疏忽。

[334] 戒约：防备，约束。

[335] 六种：泛指农作物。属：类。

[336] 菜茹：蔬菜。

[337] 聚丛：浓密。长茂：茂盛。荫：日影。映：日光。

[338] 时果：应时的水果。

[339] 著法：符合法律，符合规范。

[340] 契密：密切，亲密。

[341] 理会：处理。去著：交割事项。

[342] 词诉：诉讼，告状。

[343] 纠率：纠集统率。

[344] 仆马无疏虞：人马没有祸患。仆：仆人。马：车马。疏虞：疏忽，失误。

[345] 舆(yú)：车。渡：渡口。惴惴：恐惧、害怕的样子。

解读

宋代以前的家训，大多针对帝王将相贵族家庭，很少涉及平民百姓的生活。大部分家训著作均以儒家经典语录为圭臬，引经据典。《袁氏世范》一反前代家训意求典正的做法，以"厚人伦而美习俗"为宗旨，作者根据自己的人生经验，从实用和近人情的视角来看待为人、立身、处世的原则，用通俗易懂的语言讲述有关治家、教子、做人等方面的道理，将百姓在衣食住行等生活原态中的注意事项娓娓道来。

《袁氏世范》一书分为"睦亲""处己""治家"三卷。"睦亲"是以个人为中心，讲述如何处理好父母、兄弟、夫妇、子侄、妯娌、亲戚等各种关系；"处己"则讲述个人的修身、处世等道理；"治家"论述了居家安全、邻里相处、家庭财产等事关家业兴衰的种种事宜。

  需要特别说明的是,袁采虽然深受传统儒家思想的影响,仍未摆脱"三纲五常""三从四德"等时代烙印;但其从人道主义角度出发,对夫死子幼的寡妇、年迈老妇、幼小丧父的孤女等,均抱有深深的同情和怜悯之心。同时,他还就女性对家庭和睦的重要性、女性治家能力的培养、女性的婚育观等方面做了细致的论述。他的这些思想不论是对当时,还是后世均产生了重要的影响,其价值得到了世人广泛的认可与肯定。

(编注:高芳卉 校对:李子月)

药　言

[明] 姚舜牧

作者简介

姚舜牧(1543—1662),字虞佐,号承庵,乌程(今浙江省湖州市)人,明朝官吏、学者。姚舜牧一生致力于经学研究,他注经颇多,还著有《乐陶吟草》《性理指归》《姚承庵集》《来恩堂草》《药言》等书。

导　读

《药言》,原名《家训》,是姚舜牧在广昌任知县时为训示姚氏家族后人所著,是一部讲述治家之道、教子之道、修身处世之道、个人生活原则的格言集。明朝末期,世风日下,人心日益沦丧,病魔缠心,有药医身,无药医心。这本格言集中的伦理道德教化思想对当时社会的治家、教子、修身处世等方面有一定的指导意义。刊行后受到了社会的广泛关注,在当时影响较大,一再被翻刻。这本《家训》成了"疗心"以救世风的"良药",因此后人取"药石"之意而将此书更名为《药言》。《药言》被称颂为"心药之良方",姚舜牧也被称为"圣门之国手,治世之大医王"。[1]

原　文

"孝悌忠信,礼义廉耻",此八字是八个柱子,有八柱始能成宇[1],有八字始克[2]成人。

---

[1] 王三德.姚氏药言题辞.姚舜牧.药言[M].北京:中华书局,1985:1.

圣贤开口便说孝弟[3],孝弟是人之本,不孝不弟,便不成人了。孩提知爱,稍长知敬,奈何自失其初,不齿于人类也。

《戴记》载小孝[4]中孝[5]大孝[6],《孝经》[7]载孝之始孝之中孝之终,统是教人做人,无忝尔所生[8],一孝立,万善从,是为肖子,是为完人。

贤不肖皆吾子,为父母者切不可毫发偏爱,偏爱日久,兄弟间不觉怨愤之积,往往一待亲殁而争讼因之。创业思垂永久,全要此处见得明,不贻[9]后日之祸可也。今人但为子孙做牛马计,后人竟不念父母天高地厚之恩。诚[10]一衣一食,无不念及言及,儿曹[11]数数闻之,必能自立自守,久长之计,不过如是矣。

《斯干》[12]之诗,说到"鸟革翚飞[13]""弄璋弄瓦[14]",盛矣,然开首却云"兄及弟矣,式[15]相好[16]矣,无相犹[17]矣",未有不相好而相犹,能守其基业,克开其子孙者。

兄弟间偶有不相惬处,即宜明白说破,随时消释,无伤亲爱。看大舜待傲象[18],未尝无怨无怒也,只是个不藏不宿[19],所以为圣人。今人外假怡怡[20]之名,而中怀仇隙,至有阴妒仇结而不可解,吾不知其何心也。

兄弟虽当亲殁时,宜常若亲在时,凡一切交接[21]礼仪,门户[22]差役,及他有急难,皆当出身力为之,不可彼此推诿。

妯娌间易生嫌隙,乃嫌隙之生,尝起于舅姑之偏私,成于女奴[23]之谗构[24],家人之暌[25]多坐此,是不可不深虑者,然大要在为丈夫者,见得财帛轻、恩义重,时以此开晓妇人,使不惑于私构而成隙,则家可常合而不暌矣,"夫为妻纲"一语极吃紧。

一夫一妇是正理,若年四十而无子,不可不娶一妾,然中间却有个处法。不善调停,使妻妒而不容,妾悍而难驭,安望其生且育?调停谓何?自处于正而已。

人人生子不以为异,若论人生一个人出来,耳目口鼻四体百骸悉具,岂非天地间至祥至瑞耶?和气致祥,一毛乖戾[26]生不来,即生得来,决非是个善物。

尝谓结发糟糠,万万不宜乖弃,或不幸先亡后娶,尤宜思渠苦于昔,不得享于今,厚加照抚其所生,是为正理。今或有偏爱后妻后妾,并弃前子不爱者,岂前所生者出于人所构哉?可发一笑。

蒙养[27]无他法,但日教之孝悌,教之谨信,教之泛爱众亲仁,看略有馀暇时,又教之文学。不疾不徐,不使一时放过,一念走作[28],保完真纯,俾[29]无损坏,则圣功在是矣,是之谓蒙以养正。

古重蒙养,谓圣功在此也,后世则易骄养矣,骄养起于一念之姑息[30]。然爱不知劳,其究为傲为妄,为下流不肖,至内戕[31]本根,外召祸乱,可畏哉,可畏哉!

蒙养不啻[32]在男也,女亦须从幼教之,可令归正。女人最污是失身,最恶是多言,长舌阶厉[33],冶容诲淫[34],自古记之。故一教其缄默[35],勿妄言是非;一教其简素,勿修饰容仪。针黹[36]纺绩[37]外,宜教他烹调饮食,为他日中馈[38]计。《诗》[39]曰:"无非无仪,唯酒食是议。"此九字可尽大家姆训[40]。

凡议婚姻,当择其婿与妇之性行及家法何如,不可徒慕一时之富贵,盖婿妇性行良善,后来自有无限好处,不然,虽贵与富无益也。

《麟趾》[41]之诗,首章云"振振[42]公子",次章云"振振公孙",三章云"振振公族",由子而孙而族,皆振振焉,是为一家之祥。语曰:子孙贤,族将大。凡我族人共勉之。

通族之人,皆祖宗之子孙也,一有贵且贤者出,祖宗有知,必以通族之人付托之矣。间有不能养、不能教、不能婚嫁、不能敛葬,及它有患难,莫可控诉者,即当尽心力以周全之。此为人子孙承祖宗付托分内事,切不可视为泛常推诿。

族有孝友节义贤行可称者,会祀祖祠日,当举其善告之祖宗,激示来裔。其有过恶宜惩者,亦于是日训戒之,使知省改。

族人有不幸无后者,其亲兄弟当劝置妾媵[43]以生育,不可萌利其有之心。其人或终无生育,即当择一应继者为嗣,切勿接养他姓,重得罪于祖宗。

《易》曰:"风行水上涣[44]。"先王以享于帝立庙、立宗祀、创族谱,所以合其涣[45]也。然不立祭田[46],恐后人或以无田而废祀,而立义田以给族之不能养者,立义学以淑[47]族之不能教者,立义冢[48]以收族之不能葬者,皆仁人君子所当恻然[49]动念[50],必周置[51]以贻穀[52]于无穷者也。范文正公[53],自宋迄今盖数百年矣,而义庄犹存,李德裕[54]之平泉[55]安在哉?敢以是为劝为戒。

凡祠堂坟墓,须时勤展视[56],岁加修理,莫教大敝[57],始兴工作,若住居有一檐一瓦之坏,亦即宜治之,勿致颓阘[58]可也。苟无端,切不可兴土木,致倾赀业。语云:"与人不睦,劝人造屋。"此言最可省。

祖宗血产,由卒瘏拮据[59]而来,生于斯,聚国族于斯,固其所深祝者,万万不可轻弃,倘以人众不能聚居,即归一房居之,馀各自为居处,切不可属之他姓。万一俱贫不能支,亦宜苦守一隅,思为恢复之计。若有不才,贪豪姓厚赀,先将受了投献[60],通族宜共击之,鸣官治以不孝之罪,旋[61]以理抗势豪,莫为吞并。万一力不能抗,亦宜哀情乞存香火,是为贤子孙,不然者,恐不可见先人于地下,且亦无面目自立于人世也。

凡处家不可不读《家人卦》[62],卦本风自火出,文王[63]只系"利女贞[64]"三字,周公初爻[65]即系"闲"之一字。闲从"门"从"木",门有挡木,内外始有关防。二爻系"无攸遂在中馈[66]",申"利女贞"之意,然大纲[67]却在男子身上。故三爻系"家人嗃嗃[68]悔厉吉[69],妇子嘻嘻[70]终吝[71]",嗃嗃固似太严,而嘻嘻可称家节[72]哉?言妇则责夫,言子则责父,是不可不身任其责者。如是始称有家。故四爻系"富家"以志顺[73]。五爻系"假家[74]"以志爱。然又须诚实而威严,可以常保得。故上爻系"是孚威如[75]"之辞。《象》申之曰:"反身之谓也[76]",反身者何,言有物行有恒而已。圣人论家政[77]纲纪[78]节目[79]曲折无遗盖如此。有家者尚三复[80]于此哉。

家人内外大小防闲[81]不可不严。凡女奴男仆,十年以上,不可纵放其出入。而女尼卖婆[82]等尤宜痛绝,盖此辈一出入,未有肯空手者,而且有更不可言者。周公系《家人》初爻云:"闲有家悔亡[83],闲得定然后成得家。"此语尤宜时当三复。

待童仆不得不严,然饮食寒暑[84],不可不时加省视[85]。己食即思其饥,己衣即思其寒,如绵衣蚊帐之类,皆当豫为料理。陶靖节[86]遣一仆侍其子曰:"彼亦人子也,当善遇之。"此言大可深味。

人须各务一职业,第一品格是读书,第一本等是务农,外此为工为商,皆可以治生,可以定志,终身可免于祸患。惟游手放闲,便要走到非僻处所去,自罹[87]于法网,大是可畏。劝我后人,毋为游手,毋交游手,毋收养游手之徒。

凡居家不可无亲友之辅,然正人君子,多落落难合,而侧媚小人,常倒在人怀,易相亲狎[88]。识见未定者[89]遇此辈,即倾心腹任之,略无尔我。而不知其探取者悉得也,其所追求者无厌也,稍有不惬,即将汝阴私攻发于他人矣。名节身家,丧坏不小,孰若亲正人之为有裨哉?然亲正远奸,大要在敬之一字,敬则正人君子谓尊己而乐与,彼小人则望望而去耳,不恶而严,舍此更无他法。

交与宜亲正人,若比之匪人,小则诱之佚游以荡其家业,大则唆之交构以戕其本支，[90]甚则导之淫欲以丧其身命，可畏哉！

亲友有贤且达者，不可不厚加结纳。然交接贵协于礼[91]，若从未相知识者，不可妄援交结，徒自招卑诌之辱。且与其费数金，结一贵显之人，不为所礼，孰若将此以周贫急，使彼可永旦夕，而怀感于无穷也。

睦族之次，即在睦邻，邻与我相比日久，最宜亲好。假令以意气相凌压，彼即一时隐忍，能无忿怒之心乎？而久之缓急[92]无望其相助，且更有仇结而不可解者。

尝见有势之家，不独自行暴戾[93]于家，偶乡邻有触于我者，辄加意气凌轹[94]，此大非理。吾家小人家，自无此事，或后稍有进焉，亦宜愈加收敛，不独不可凌于乡，即家有豪奴悍仆，但[95]可送官惩治，切勿自逞胸臆，取不可测之祸也。

吾祖居田畔，邻人有占过多尺者，初不与较而自止。若与较鸣官，人必谓我使势矣。今旁近去处或有来售，应买者宁略多价与之，使渠[96]可无后言。其或不然，即切近处视之，若官地军地，自可息欲火矣。天下大一统，尚东有倭[97]，北有虏[98]，不曾方圆得。况百姓家，何必求方圆，费心思，而自掇[99]其扰害哉？

吾子孙但务耕读本业，切莫服役于衙门，但就实地生理，切莫奔利于江湖。衙门有刑法，江湖有风波，可畏哉！虽然，仕宦而舞文而行险[100]，尤有甚于此者。

世称清白之家，匪苟焉而可承者[101]，谓其行己唯事乎布素[102]，教家克尚[103]乎简约，而交游一本乎道义。凡声色货利，非礼之干，稍有玷于家声者，戒勿趋之。凡孝友廉节，当为之事，大有关于家声，竞则从之。而长幼尊卑聚会时，又互相规诲[104]，各求无忝于贤者[105]之后，是为真清白耳。

凡势焰[106]薰灼[107]，有时而尽，岂如守道务本者，可常享其荣盛哉？一团茅草之诗，三咏[108]煞有深味。

谚云："一日之计在于寅[109]，一年之计在于春，一生之计在于勤。"起家[110]的人，未有不始于勤而后渐流于荒惰，可惜也。《书》曰："慎乃俭德，惟怀永图。[111]"起家的人，未有不成于俭而后渐废于侈靡，可惜也。

居家切要，在"勤俭"二字。既勤且俭矣，尤在"忍"之一字。偶以言语之伤，非横[112]之及，不胜一朝之忿，构怨结仇，致倾家室，可惜历年勤俭之苦积，一朝轻废也。而况及其身，并及其先人哉，宜切戒之！

惟清修[113]可胜富贵,虽富贵不可不清修。

家处穷约[114]时,当念"守分"二字;家处富盛时,当念"惜福"二字。人当贫困时,最宜植立自守衡门之节[115]。若卑谄于豪势之人,不独自坏门风,且徒取人厌,其实无济于贫乏也。

人须俭约自持,不可恃产浪费。到败坏时干求人,许多不雅[116],尚有未必得者。即得,亦须勉偿[117]以完信行[118]。否则不齿于士类矣,尚慎诸!

无端不可轻行借贷,借债要还的,一毫赖不得。若家或颇过得,人有急来贷,宁稍借之,切不可轻贷,后来反伤亲情也。若作保作中[119],即关己行,尤切记不可。

家稍充裕,宜由亲及疏,量力以济其贫乏。此是莫大阴骘[120]事。不然,徒积而取怨,祸且不小矣。语云:"久聚不散,必遭水火盗贼。"此言大可自警。

凡燕会[121]期于成礼[122],切不可搬演戏剧。诲盗启淫,皆由于此,慎防之守之。

丧事有吾儒家礼在,切不可用浮屠[123]。

冠婚丧祭四事,《家礼》[124]载之甚详,然大要在称家有无,中于礼而已,非其礼为之,则得罪于名教[125],不量力为之,则自破其家产,是不可不深念者。

今人有戒特杀[126]者,似为太过。然轻启宴会,多杀牲口,诚亦不宜。读苏子号呼于挺刃之下数语,当举箸不忍矣。

凡亲医药,须细加体访[127],莫轻听人荐,以身躯做人情。凡请师傅,须深加拣择,莫轻信人荐,以儿子做人情。凡成契券、收税册、大关节[128],须详加确慎,莫苟[129]信人言,轻为许可,以身家做人情。

人须自保养,不使有疾。或不幸有疾,当自反其所以致此者,弗讳以忌医。就既医治矣,宜宽心以俟其愈,内勿轻信妇人言,外勿轻信医师言,破费以倾其家产。

丙午觐行[130],遇萍乡尹韩眉山丈,说曾见年一百五岁者,问有养生之法否?回言未尝有之,唯少年见人说夏冬二至,宜绝房事。因于每至前后共戒一月。此本载在《月令》者,伊偶闻诚信而行之,多历年所,是所谓修养之要诀也。恨知读书者反不能行,而自促其亡耳。余老矣,悔不早闻此言。后来少年,宜因此言慎戒以遐享[131]焉。

凡人欲养身,先宜自息欲火;凡人欲保家,先宜自绝妄求。精神财帛,惜得一分,自有一分受用。视人犹己,亦宜为其珍惜,切不可尽人之力,尽人之情,令其不堪。到不堪处,出尔反尔,反损己之精力矣。有走不尽的路,有读不尽的书,有做不尽的事,总须量精力为之,不可强所不能,自疲其精力。余少壮时多有不知循理[132]事,多有不知惜身事,至今一思一悔恨。汝后人,当自检自养,毋效我所为,至老而又自悔也。

切不可习天文谶纬[133]之书,切不可听妖人呪魘[134]之法,自取不可测之祸。若全真[135]炼丹,总属妖妄[136],尤切不可轻信,以自破其家。

读书的人有文会[137],文会择人,方有益无损。做百姓的有社会[138]神会,此地方有众事,不可独却,出银不赴饮可也。若银会[139]酒会,则万万不可与,未有与而克终者[140]。

讼[141]非美事,即有横逆[142]之加,须十分忍耐,莫轻举讼。到必不可已处,然后鸣之官司,然有从旁劝释者,即听其解已之可也。《讼卦》辞"中吉终凶[143]""不克[144]"等语,最宜三复,然究之"作事谋始"一语,则绝讼之本也。

谚云:"若要宽,先完官。[145]"钱粮切不可拖赖。吾家世来先完钱粮,故里长[146]争夺为甲首[147]。今虽业渐稍充,只照先限[148]完银,不累里长比责[149];照旧加增完粮,不累里长赔贩[150]。里长要我为甲首,可常为快活百姓矣。切不可听人说,自立宦户[151]。立宦户,要白养一个出官的人。万一差池,县父母或加比较[152]。官军临兑[153]或来噪嚷,即讨得小便宜,失却大体面矣。万一田多要立,宜分付出官的人,谨慎承役,且宜自加照管,莫使出官的人侵渔[154]其间,为身家之累。

凡有必不可已的事,即宜自身出,斯[155]可以了得。躲不出,斯人视为懦,受欺受诈,不可胜言矣。且事亦终不结果,多费何益?语云:"畏首畏尾,身其馀几?"可省已。

积金积书,达者犹谓未必能守能读也,况于珍玩乎?珍玩取祸,从古可为明鉴矣,况于今世乎?庶人无罪,怀璧其罪[156]。身衣口食之外皆长物[157]也,布帛菽粟[158]之外皆尤物[159]也,念之。

今人酷信风水,将祖先坟茔迁移改葬,以求福泽之速效。[160]不知富贵利达,自有天数,生者不努力进修,而岢责死者之荫庇,理有是乎?甚有贪图风水,至倾其身家者,曷不反[161]而求之天理也?可谓惑已。

看上世尝有不葬其亲者节[162],说到孝子仁人之掩其亲,亦必有道矣,安可不觅善地以比化者？但善地是藏风敛气，可荫庇后人耳。必觅发达之地，多费心力以求谋，甚至损人而利己，此最是伤天理事，切不可为。若所葬埋处，苟无水无蚁，亦可自惬矣。或听堪舆家[163]言，别[164]迁移以求利达，是大不孝事，天未有肯佑之者，尤切戒不可，切戒不可。

吾上世初无显达者，叨仕[165]自吾始，此如大江大湖中，偶然生一小洲渚耳，唯十分培植，或可永延无坏，否则夜半一风潮，旋复江湖矣。可畏哉，可畏哉！

创业之人，皆期子孙之繁盛，然其本要在于一"仁"字。桃梅杏果之实皆曰仁，仁，生生[166]之意也，虫蚀其内，风透其外，能生乎哉？人心内生淫欲，外肆奸邪[167]，即虫之蚀，风之透也，慎戒兹，为生子生孙之大计。

凡人为子孙计，皆思创立基业，然不有至大至久者在乎，舍心地[168]而田地，舍德产而房产，已失其本矣，况唯利是图，是损阴骘。欲令子孙永享，其可得乎？

作善降祥，作不善降殃，古来之人试得多了，不消我复去试得。

祖宗积德若干年，然后生得我们，叨在衣冠之列[169]，乃或自恃才势，横作妄为，得罪名教，可惜分毫珠玉之积[170]，一朝尽委[171]于粪土中也。

语云"讨便宜处失便宜"，此"处"字极有意味。盖此念才一思讨便宜，自坏了心术，自损了阴骘，大失便宜即此处矣。不必到失便宜时然后见之也。

高明之家，鬼瞰其户。[172]凡事求无愧于神明，庶可承天之佑，否则不觉昏迷，自陷于危亡之辙矣。天启其聪，天夺之鉴，二语时宜惕省。

释氏[173]云："要知前世因，今生受者是，要知来世因，今生作者是。"此言极佳，但彼云前世后世，则轮回之说耳。吾思昨日以前，而父而祖，皆前世也，今日以后，而子而孙，皆后世也。不有祖父之积累，昔日之勤劬[174]，焉有今日？乃今日作为，不如祖父之积累，可望此身之考终[175]，子孙之福履[176]乎？是所当惕省[177]者。

余令新兴[178]，无他善状[179]，唯赈济一节，自谓可逭[180]前过，乃人揭[181]我云：百姓不粘一粒，尽入私囊。余亦不敢辨，但书衙舍云："勤恤在我，知不知有天知；品骘[182]由人，得不得皆自得。"今虽不敢谓天知，然亦较常自得矣。汝辈后或有出仕者，但求无愧于此心，勿因毁誉自为加损也。

余尝自揣深过涯分，特书小联云："得此已过矣，致萌半点邪思，求为可继也，须积十分阴德。"[183]此四语是我传家至宝，莫轻视为田舍翁[184]也。

吾家世用文银，不识煎销[185]银匠，却亦自得便宜。用低银[186]及串水米者,自省阴德不小,当切戒之。

今人欲欺人,岂能行之智与强者,无非欺其愚,欺其懦弱而已。然老天煞有明眼,报应分毫不错,吾谁欺,欺天乎!此匪独大契约大交关处不可欺,即权衡豆釜[187]之间,亦不可分毫欺也。

凡置田地房屋,先须查访来历明白,正契[188]成交,价用足色足数,不可短少分毫,稍讨分毫便宜,后便有不胜之悔矣。"贵买田地,积与子孙",古人之言,不我欺也。若贪图方圆一节,所损阴德不小,尤宜深戒。

谚云:"贪产穷,惜产穷。[189]"此言大是有味。

田地多,难照管,薄薄可供衣食足矣。奴仆多,难约束,庸庸可供使令足矣。膏腴[190]的田人所羡,伶俐的人会使乖[191],曷慎诸?

余嫁女不论聘礼,娶妇不论奁赀[192]。令新兴抵舍,房闼[193]中不留一文,是儿曹所共知见者,后人当以为式[194]。

余总角[195]时,遇长者于道,肃揖[196]拱立,俟过后行。偶有问及,则谨对[197]而退,而面犹发赤也。今少者似不如是矣,尔曹但看"阙党童子"一章,自知礼逊,可免欲速成之诮。[198]

一部《大学》,只说得修身;一部《中庸》,只说得修道;一部《易经》,只说得善补过。"修补"二字极好,器服[199]坏了,且思修补,况于身心乎?

《易》曰:"聪不明也[200]。"《诗》曰:"无哲不愚[201]。"自恃聪哲的,便要陷在昏昧不明处所去,可惜哉!所以人贵善养其聪,自全其哲。

智术仁术不可无,权谋术数不可有。盖智术仁术,善用之以归于正者也,权谋术数,曲用之以归于谲[202]者也。正谲之辨远矣,动关人品,慎诸!

才不宜露,势不宜恃,享不宜过,能含蓄退逊,留有馀不尽,自有无限受用。

凡闻人过失,父子兄弟私会时,或可语以自警,切不可语之外人,招尤取祸,所关不小。

凡与人遇,宜思其所最忌者。苟轻易出言,中其所忌,彼必谓有心讥讪[203],痛恨切骨矣。《书》云:"惟口出好兴戎[204]。"《诗》云:"善戏谑[205]兮,不为虐兮。"戏谑尤所宜慎。

听言当以理观[206],一闻辄以为据,往往多失。

常言俗语,与圣贤传相表里[207],慎毋忽而不察。

今人动说不成器,不成器,其可以成人乎?北人骂人不当家,不当家,其何以成家乎？

余性太直戆[208]，一时气忿所发言行，多有过当处。虽旋即[209]追悔，已无及矣。是儿曹所宜深戒者。

余闻一善言，无一不绅绎[210]，无一不牢记。向在京遇一好修[211]老人家，偶见余恼发[212]，徐[213]解曰："恼要杀人。"余闻此一语，知好[214]亦杀人，不独恼也。又尝对余言："天平上针是天心，下针是人心，下针须合着上针。"极为善喻。又尝与余言："狮子乳，唯玻璃盏可以盛得，金银器亦能渗漏。"此事虽不试见，然闻人善言，不以实心承受，能如玻璃盏乎？是语亦有禅几[215]，不可不牢记者。

经目之事，犹恐未真。闻人暧昧[216]，决不可出诸口。一句虚言，折尽平生之福。此语可深省也。

阿谀[217]从人可羞，刚愎自用[218]可恶。不执不阿[219]，是为中道[220]。寻常不见得，能立于波流[221]风靡[222]之中，是为雅操[223]。

"澹泊"二字最好，澹，恬澹也；泊，安泊也。恬淡安泊，无他妄念，此心多少快活。反是以求浓艳，趋炎势[224]，蝇营狗苟[225]，心劳而日拙[226]矣，孰与澹泊之能日休[227]也？

人要方得圆得[228]，而方圆中却又有时宜[229]。在《易》论圆神方知[230]，益以"易贡"二字最妙，变易以贡[231]，是为方圆之时。棱角峭厉[232]非方也，和光同尘[233]非圆也，而固执不通非易也，要认得明白。

语云："自成自立，自暴自弃。"又云："自尊自重，自轻自贱。"成立暴弃自我，尊重轻贱自我，慎择而处之。

余少时偶书一联："做人要存心好，读书要见理明。"究竟自壮至老，亦只此二句足以自警。

讲道讲甚么，但就"弟子入则孝[234]"一章，日日体验力行去，便是圣贤之徒了。先儒训道言也，又训道行也。言贵行，行方是道。不行，虽讲无益也。

圣贤教人一生谨慎，在"非礼勿视"[235]四句；教人一生保养，在"戒之在色"[236]三句；教人一生安闲，在"君子素其位而行"[237]一章；教人一生受用，在"居天下之广居"[238]一节。

事亲[239]，事之本也；守身[240]，守之本也。此二语极为吃紧，朝夕常宜念省。

《乡党》一篇,总画得夫子一个体貌。至末却云"色斯举矣,翔而后集"[241],活活画出夫子一个心来。今细玩"举"字、"翔"字、"集"字、"斯"字、"矣"字、"而后"字,仕止久速[242],分明若在眼前。然此个心窍,吾人皆有之,皆不可不晓。倘临事而不为虑,是"鸳鸯于飞",不虑罟罗[243]之及也。未事而不为防,是"鸳鸯在梁",不戢其左翼也。[244] 于止不知所止[245],是黄鸟不止于丘隅也。可以人而不如鸟乎?《易》曰:"君子见机而作,不俟终日。"又曰:"君子以思患而豫防之。"

夫[246]人少有得焉亦喜,况反身而诚[247],得其所以为我[248]。少有失焉亦忧,况舍其路[249],放[250]其心,失其所以为人。《孟子》一篇说个"乐莫大焉",一边说个"哀哉",大可警惕。

常念"读圣贤书,所学何事"二语,决不堕落于不肖。

天未尝轻人性命,人往往自轻贱之,甚可惜。

人思夺[251]造化[252],造化将反夺我,此间要知分晓。

坡诗[253]云:"蜗涎[254]不满壳,聊[255]足以自濡。升高不知疲,粘作壁上枯。"可为知进不知退者警。

父母生我,自取一乳名起,至百凡事务,无不祝愿到好处。我乃不自保惜,萌一邪念,行一非义,至不齿于人类,不亦可愧死哉!人有常念及此,自不敢为不肖之子矣。

"欲"字从"谷"从"欠"。溪谷常是欠缺,如何可填得满?只有一"理"字可以塞绝得。孟子云:"养身莫善于寡欲。"欲寡与否,存不存系焉。人曷不以理自制,以自陷于亡?

《中庸》云:"人皆曰予知[256],驱而纳诸罟擭[257]陷阱之中而莫之知辟[258]也。"罟擭陷阱,谁不知险,谁任其驱而纳诸,曰利欲也。利欲在前,分明有个大坑阱在,人自争趋争陷焉,可痛已!古诗云"利欲驱人万火牛[259]",此语极为提醒。

凡人须先立志,志不先立,一生通是虚浮,如何可以任得事?老当益壮,贫且益坚,是立志之说也。

盘根错节[260],可以验我之才;波流风靡,可以验我之操;艰难险阻,可以验我之思;震撼[261]折冲[262],可以验我之力;含垢忍辱,可以验我之量。

人常咬得菜根,即百事可做。骄养太过的,好看不中用。

学者,心之白日[263]也。不知好学[264],即好仁好知,好信好直,好勇好刚,亦皆有蔽[265]也,况于他好乎?做到老,学到老,此心自光明正大,过人远矣。

但读圣贤之书,是真正士子[266];但守祖宗之训,是真正儿子;但奉朝廷之法,是真正臣子。不则为邪为僻,即有所著见[267],不可谓真正人品也。

要与世间撑持事业,须先立定脚跟始得。

事到面前,须先论个是非,随论个利害。知是非则不屑妄为,知利害则不敢妄为,行无不得矣。窃[268]怪不审[269]此而自陷于危亡者。

论不善处[270]富贵者,不说别的,特说一个"淫"字。骄奢淫佚[271],所自邪也,而淫为甚,凡人到此,自误平生。深念之慎之。

客气[272]甚害事,要在有主[273]。主者何?忠信是已。

祖父千辛万苦,做成一个家;子孙风花雪月[274],一时去荡坏了。真可痛惜!真可痛惜!

分明一个安居在,不肯去住,却处于危;分明一条正路在,不肯去行,却向于邪。真自暴自弃!

今人计较摆布人,费尽心思,却何曾害得人,只是自坏了心术,自损了元气。

看圣贤千言万语,无非教人做个好人,人却不信不由,自归邪僻,真是可悼!

余平生不肯说谎,却免许多照前顾后[275]。

人谓做好人难,余谓极易。不做不好人,便是好人。

决不可存苟且心,决不可做偷薄[276]事,决不可学轻狂态,决不可做愆赖人。

当至忙促时,要越加检点[277];当至急迫时,要越加饬[278]守;当至快意时,要越加谨慎。

在上的可忘分[279],在下的不可不知分;在上的应守法,在上的不可不知法。

人偶得一好梦,数日喜欢,否则心殊[280]不快。然此直[281]梦耳,余追思全州新兴事亦梦也,可快与否,则自知之。今正在广昌梦中,切莫改全州新兴所为,使日后追思不快也。

门第不能重人,惟人能重门第。恃门第骄人者,徒自取辱,切以为戒。

顾名思义[282],自能成立。不学做好百姓,便是异百姓;不学做好秀才,便是劣秀才。推此以上,其名其义,皆不可不反顾,不可不深思也。总其要,在循理守法而已。

世间极占地位的,是读书一著。然读书占地位,在人品上,不在势位上。

吾人第一要思做个好百姓。有资质,能学问,可便做个好秀才。又有造化,能进取,可便做个好官。然总做到为卿为相,却还要思是个秀才,是个百姓,乃传之于后。乡先生殁而不可祭于社,成得甚事! 守本分,完[283]钱粮,不要县官督责[284]的,是好百姓。读书不管外事,不要学道督责的,是好秀才。不贪不酷[285],不要监司[286]督责的,是好官。

凡人要学好,不必他求。孝顺父母,尊敬长上,和睦乡里,教训子孙,各安生理,毋作非为,有太祖圣谕[287]在。①

注 释

[1] 宇:屋檐,泛指房屋。

[2] 克:能够。

[3] 孝弟:孝顺父母,敬爱兄长。

[4] 小孝:庶人之孝。

[5] 中孝:诸侯卿大夫之孝。

[6] 大孝:天子之孝。

[7]《孝经》:儒家经典之一,内容主要讲封建孝道和宗法思想。

[8] 无忝尔所生:不要使生养你的父母蒙受屈辱,语出《诗经·小雅·小宛》:"夙兴夜寐,无忝尔所生。"

[9] 贻:遗留。

[10] 诚:如果。

[11] 儿曹:你们,古代称呼晚辈的用词。

[12]《斯干》:《小雅·斯干》是中国古代第一部诗歌总集《诗经》中的一首诗。这是一首祝贺周朝贵族宫室落成的歌辞,全诗以描述宫室建筑为中心,把叙事、写景、抒情交织在一起,层次分明,句式参差错落,是雅颂中颇具特色的篇章。

[13] 鸟革翚(huī)飞:贵族家庭修建的高大宽敞的宫室,房顶像鸟儿受惊高飞,屋檐像野鸡展翅。革:翅膀。翚:野鸡。

[14] 弄璋弄瓦:生下儿子,给他玩着玉器,生下女儿,给她玩着纺线锤。璋:玉器。瓦:陶制的纺线锤。

[15] 式:语助词,无实义。

---

① 姚舜牧.药言[M].北京:中华书局,1985:1-18.

[16] 相好:相敬相爱。好:友好和睦。

[17] 相犹:相互欺诈。犹:欺诈。

[18] 象:舜的异母兄弟,据《尚书·尧典》记载,象很傲慢,但舜却能与之和睦相处。

[19] 不藏不宿:不把怨恨记在心中,语出《孟子·万章上》:"仁人之于弟也,不藏怒焉,不宿怨焉。"

[20] 怡怡:和顺的样子,这里特指兄弟和睦的样子。

[21] 交接:交往,结交。

[22] 门户:家庭,人家。这是代指兄弟家庭之间。

[23] 女奴:奴婢,婢女。

[24] 谗构:谗害构陷。

[25] 暌(kuí):隔开,分离。

[26] 一毛乖戾:形容言语、性情、行为乖僻暴戾的人。

[27] 蒙养:古人把对儿童进行的初等教育称为"蒙养"或"发蒙"。

[28] 走作:走样,越出范围,即越规,放纵,偏离正道。

[29] 俾:使(达到某种效果)。

[30] 姑息:无原则地宽容。

[31] 戕:损害,毁坏,伤害。

[32] 耑(zhuān):通"专"。

[33] 阶厉:祸害的开端,祸害的缘由。

[34] 冶容诲淫:不正派的打扮会诱使人奸淫。冶:过分的装饰,不正派的打扮。诲:诱导。

[35] 缄默:闭口不说话。

[36] 针黹(zhǐ):各种针线活儿。

[37] 纺绩:把丝麻等纤维纺成纱或线。纺:纺丝。绩:绩麻。

[38] 中馈:妇女在家里主管的饮食等事。

[39] 《诗》:这里是指《诗经·小雅·斯干》。

[40] 姆训:姆教,负责教导闺女的女教师的教诲。

[41] 《麟趾》:《诗经·周南·麟之趾》:"麟之趾,振振公子。"郑玄笺:"喻今公子亦信厚,与礼相应,有似于麟。"后以"麟趾"作喻,比喻后代昌盛又行为高尚。

[42] 振振:忠诚,厚道。

[43] 妾媵：古代诸侯贵族女子出嫁，以侄娣从嫁，称媵，后以"妾媵"泛指侍妾。

[44] 风行水上涣：出自《易·涣》："风行水上，涣。先王以享于帝，立庙。"意思是风在水面上吹，象征着涣散。先王因此祭祀上帝，建立庙宇。涣：涣散。

[45] 合其涣：把涣散变为团结。

[46] 祭田：宗族共有的田地中用来祭祀的那一部分。

[47] 淑：使……获益，这里指使……受到教育。

[48] 义冢：宗族或官府出资办置的坟地，以葬贫穷者。

[49] 恻然：哀怜、悲伤的样子。

[50] 动念：考虑。

[51] 周置：操办，安置。

[52] 贻榖(gǔ)：父祖的遗荫，父祖留给后世的恩泽。

[53] 范文正公：范仲淹。

[54] 李德裕：字文饶，小字台郎，唐代杰出政治家、文学家、战略家，辅佐唐武宗开创会昌中兴。

[55] 平泉：平泉庄，在河南洛阳南二十里，李德裕别墅名。

[56] 展视：察看。

[57] 敝：破旧，破烂。

[58] 颓阘(tà)：颓废疲敝。

[59] 卒瘏(tú)拮据：形容千辛万苦、十分艰难。瘏：病。

[60] 投献：谓将田产托在缙绅名下以减轻赋役。

[61] 旋：随即。

[62]《家人卦》：《易经》六十四卦中的第三十七卦。《家人卦》象征家庭，特别注重女人在家中的作用，如果她能够坚守正道，始终如一，将会非常有利。《象》曰：风自火出，家人；君子以言有物而行有恒。即《象辞》说：《家人卦》的卦象是离（火）下巽（风）上，为风从火出之表象，象征着外部的风来自本身的火，就像家庭的影响和作用都产生于自己内部一样。君子应该特别注意自己的一言一行，说话要有根据和内容，行动要有准则和规矩，不能朝三暮四和半途而废。

[63] 文王：专指姬昌，周文王，旧传《周易》为周文王所演，周文王创周礼，被后世儒家所推崇。

[64] 利女贞：家人卦卦辞，利于女子守正。贞：坚持。

[65] 初爻：易学术语，指六十四卦或八卦中，从下向上数第一个爻。

[66] 无攸遂在中馈:(女人)无所抱负,只在家中做饭。遂:目的,愿望。
[67] 大纲:要点,主要的方面。
[68] 家人嗃(hè)嗃:家人经常受到嗃嗃严叱。嗃嗃:严厉叱责声,喻治家严厉。
[69] 悔厉吉:悔恨严厉的态度是吉利的。
[70] 妇子嘻嘻:妇人和孩子整天骄佚喜笑,喻家道不严。嘻嘻:骄佚喜笑之貌。
[71] 终吝:最终难办。
[72] 家节:家庭的礼法。
[73] 富家:使自家富裕。志顺:求和顺。
[74] 假家:原文是"王假有家,勿恤,吉",意思是:君王用大道感格众人,不用忧虑,吉祥。
[75] 是孚威如:有了信任就像有了权威。
[76] 反身之谓也:说的是自身反省。
[77] 家政:家庭事务的管理工作。
[78] 纲纪:秩序和法纪。
[79] 节目:条目,项目。
[80] 三复:反复诵读,并加以实践。
[81] 防闲:防备和禁阻。
[82] 卖婆:出入人家买卖物品的老年妇女。
[83] 闲有家悔亡:在家中做好防范,就不会发生悔恨的事情。
[84] 寒暑:冷暖,问候起居寒暖。
[85] 省视:看望,探望,照管。
[86] 陶靖节:陶渊明,名潜,字渊明,又字元亮,自号"五柳先生",私谥"靖节",世称靖节先生。
[87] 罹:遭遇,遭受。
[88] 狎:亲近,接近。
[89] 识见未定者:见识短浅的人。
[90] 佚游:亦作"逸游",放纵游荡而无节制。交构:勾结。
[91] 协于礼:合乎礼节。协:符合。
[92] 缓急:急迫,困难的事。

[93] 暴戾:性情残暴凶狠,粗暴乖张。

[94] 凌轹(lì):欺凌,欺压。

[95] 但:只,仅。

[96] 渠:他。

[97] 倭:中国古代对日本人及其国家的称呼。

[98] 虏:中国古代对北方外族的贬称。

[99] 掇:拾取,摘取。

[100] 舞文:舞文弄墨,玩弄文字把戏,曲解法律原意。行险:冒险。

[101] 匪:不。苟焉:苟然,指随随便便。可承:可以接续,指仍可以称得上清白之家。

[102] 布素:形容衣着俭朴,这里指行事朴实无华。布:质地。素:颜色。

[103] 克尚:能够崇尚。尚:注重,提倡。

[104] 规诲:规劝,教诲。

[105] 无忝(tiǎn)于贤者:不给贤者带来耻辱。忝:有愧于。

[106] 势焰:势力和气焰。

[107] 薰灼:比喻以气势凌人。

[108] 三咏:反复吟咏。

[109] 寅:凌晨三至五点。

[110] 起家:创立事业。

[111] 慎乃俭德,惟怀永图:以节俭为美德,做长远的打算。永图:长远的谋划。

[112] 非横:非礼和横暴的行为。

[113] 清修:行为高洁。

[114] 穷约:穷困,贫贱。

[115] 植立:直立,指为人正直。衡门:横木为门,指简陋的房屋。

[116] 不雅:不雅观,不好看。

[117] 勉偿:尽力赔偿。

[118] 完信行:不失信用。信行:诚实守信的品行。

[119] 作保作中:做保证人、中间人。

[120] 阴骘(zhì):原指暗中使安定,转指阴德。骘:安排,定。

[121] 燕会:宴饮会聚。燕:通"宴"。

[122] 成礼:按照礼的要求去做,完成礼的要求。

[123] 浮屠:这里指佛教的礼节。

[124]《家礼》:南宋朱熹最有影响的礼学著作,内容分为通礼、冠、昏、丧、祭五部分,都是根据当时社会习俗参考古今家礼而成。

[125] 得罪于名教:违背礼教。名教:名教观念是儒教思想的重要组成部分,即通过上定名分来教化天下,以维护社会的伦理纲常、等级制度。名:名分。教:教化。

[126] 特杀:杀牲。

[127] 体访:察访,验访。

[128] 大关节:重要的环节。

[129] 苟:草率,随便。

[130] 觐行:进京途中。

[131] 遐享:长享天年。遐:远,长久。

[132] 循理:依照道理或遵循规律。

[133] 谶(chèn)纬:谶和纬。谶是秦汉间巫师、方士编造的预示吉凶的隐语,纬是汉代神学迷信附会儒家经义的一类书。谶纬之学,中国两汉时期一种把经学神学化的儒家学说。

[134] 呪(zhòu)魇:通过念咒来捉妖驱邪。呪:通"咒"。

[135] 全真:出家的道士。

[136] 妖妄:妖术,旁门左道。

[137] 文会:文士饮酒赋诗或切磋学问的聚会。

[138] 社会:旧时里社逢节日的酬神庆祝活动。

[139] 银会:中国明代至民国时期一种集资逐利的方式。

[140] 未有与克终者:意为参与的人没有好下场。克:通"可"。

[141] 讼:打官司。

[142] 横逆:强暴无理的举动。

[143] 中吉终凶:中期吉利,终了凶险。

[144] 不克:诉讼不赢。

[145] 若要宽,先完官:要想过宽心日子,就得先缴纳赋税。完官:把官府的赋税缴完。

[146] 里长:里长又称里正、里君等,是中国春秋战国时的一里之长,唐代称里

正、明代改名里长,并以一百一十户为一里,每里置里长一人。

[147] 甲首:一甲之首。甲:旧时户口编制单位,十户为一甲。

[148] 先限:先前规定的期限。

[149] 比责:频频催促。

[150] 赔贩(bì):赔垫,赔补。

[151] 宦户:家中有人做官,不与百姓一起而另立纳粮专户。

[152] 比较:官府限期让差役完成任务,到时查验,如不能按时完成,即加以杖责。

[153] 临兑:到了交换纳粮票据的时候。

[154] 侵渔:从中侵吞牟利。渔:捕鱼,此处引申为得到财物。

[155] 斯:这。

[156] 怀璧其罪:语出《春秋左传·桓公十年》,原指财能致祸,后也比喻有才能而遭受嫉妒和迫害。

[157] 长物:多余的东西。

[158] 菽(shū)粟:豆和小米,泛指粮食。

[159] 尤物:珍贵的物品。

[160] 坟茔(yíng):坟墓。效(xiào):效验,检验。

[161] 曷(hé)不反:为什么不反省。曷:为什么。

[162] 节:书中看到的内容。

[163] 堪舆家:古时为占候卜筮者之一种,后专称以相地看风水为职业者,俗称"风水先生"。

[164] 别:另外。

[165] 叨仕:做官。

[166] 生生:繁衍。

[167] 外肆奸邪:外化到行动上就会放肆地做坏事。

[168] 心地:心性,人的内心。

[169] 叨在衣冠之列:勉强跻身于士绅的行列之中。叨:谦辞。

[170] 分毫珠玉之积:一点一点积累起来的如珠玉般宝贵的财富。

[171] 委:抛弃。

[172] 高明之家,鬼瞰其户:鬼神窥望显达富贵人家,将祸害其满盈之志。

[173] 释氏:佛祖释迦牟尼。

[174] 勤劬(qú):辛勤劳累。

[175] 考终:尽享天年,长寿而亡。

[176] 福履:福禄。

[177] 惕省:警惕反省。

[178] 余令新兴:我在新兴做县令时。

[179] 善状:好的事迹,这里指好的政绩。

[180] 逭(huàn):逃,避。

[181] 揭:揭发,弹劾。

[182] 品骘:品评。

[183] 深过涯分:大大超过了限度。涯分:本分。萌:产生。邪思:自谦之辞,指好的想法。

[184] 莫轻视为田舍翁:不要因农夫出身而轻视自己。田舍翁:年老的庄稼汉。

[185] 煎销:熔化。

[186] 低银:成色低的银子。

[187] 豆釜:春秋时期齐国的容量单位,这里指钱数不多的交易。四升是一豆,四豆是一区,四区是一釜。

[188] 正契:正当手续。

[189] 贪产穷,惜产穷:贪得或吝啬财产的人都会贫穷。

[190] 膏腴:肥沃。

[191] 使乖:卖弄聪明。

[192] 论:计较。奁赀(lián zī):陪嫁的财物。

[193] 房闼(tà):寝室,卧房。

[194] 式:榜样。

[195] 总角:古代未成年的人把头发扎成髻,借指幼年。

[196] 肃揖:恭敬地拱手行礼。

[197] 谨对:古代试策常用语,这里指恭敬严谨地回答。

[198] 礼逊:礼让。诮(qiào):责备。

[199] 器服:器物和衣服。

[200] 聪不明也:语出《易·噬嗑》,指听觉不灵敏,耳朵不管用。

[201] 无哲不愚:语出《诗经·大雅·抑》,指没有一个聪明的人不做愚蠢

的事。

[202] 谲(jué):欺诈,狡诈。

[203] 讥讪:讽刺。

[204] 兴戎:发动战争,引起争端。

[205] 戏谑:用逗趣的话开别人的玩笑。

[206] 理观:理性看待,分析。

[207] 相表里:相呼应,相印证。

[208] 直戆(zhuàng):憨直,刚直而愚笨。

[209] 旋即:马上,立即,随即。

[210] 绐绎(chōu yì):引出端绪,整理出头绪,引申为阐述。

[211] 好修:重视道德修养。

[212] 恼发:生气,动怒。

[213] 徐:缓慢地。

[214] 好:好人。

[215] 禅几:禅机,佛教用语。禅宗认为悟了道的人教授学徒,往往在一言一行中都含有"机要秘诀",给人以启示,令其触机生解,故名。

[216] 暧昧:含糊,模糊,不光明的,不便公之于众的。

[217] 阿谂(niǎn):阿谀。

[218] 刚愎自用:固执己见,不接受别人的意见,独断专行。

[219] 不执不阿:不固执,不逢迎。

[220] 中道:中庸之道。

[221] 波流:随波逐流,比喻世事的变化。

[222] 风靡:形容事物很风行,像风吹倒草木一样。

[223] 雅操:高尚的操守。

[224] 趋炎势:巴结投靠有权势的人。

[225] 蝇营狗苟:像苍蝇那样到处乱飞,像狗那样摇尾乞怜、苟且偷生,比喻为追求名利,到处钻营。

[226] 心劳而日拙:用尽心机,弄虚作假,不但不能得逞,反而越来越不好过。拙:屈辱。

[227] 日休:不费心机,反而越来越好。休:美好,自在。

[228] 方得圆得:能变通。

[229] 时宜：当时的需要或风尚。

[230] 圆神方知：懂变通才能有智慧。

[231] 变易以贡：把变化告诉人们。变易：变化。以：把。贡：告诉。

[232] 峭厉：料峭尖利。

[233] 和光同尘：随俗而处，不露锋芒。和光：把所有的光中和在一起。同尘：与尘俗混同。

[234] 弟子入则孝：孩子在家要孝顺父母。出自《论语·学而》："子曰：'弟子入则孝，出则悌，谨而信，泛爱众，而亲仁，行有余力，则以学文。'"

[235] 非礼勿视：不合乎礼教的东西不能看，语出《论语·颜渊》："子曰'非礼勿视，非礼勿听，非礼勿言，非礼勿动。'"

[236] 戒之在色：色欲方面的戒忌，语出《论语·季氏》："子曰：'君子有三戒：少之时，血气未定，戒之在色；及其壮也，血气方刚，戒之在斗；及其老也，血气既衰，戒之在得。'"

[237] 君子素其位而行：君子安于现时所处的地位去做应做的事，不生非分之想，语出《礼记·中庸》。

[238] 居天下之广居：居住在宽大的住所，语出《孟子·滕文公下》："居天下之广居，立天下之正位，行天下之大道。"广居：宽大的住所，儒家用以喻仁。

[239] 事亲：侍奉父母。

[240] 守身：保持自身的节操。

[241] 色斯举矣，翔而后集：语出《论语·乡党》，意为一有危险，野鸡就高高飞起，飞了一阵子又停在树上。

[242] 仕止久速：做官久了就要迅速隐退。止：隐退。

[243] 罟(gǔ)罗：罗网。

[244] "鸳鸯在梁"，不戢其左翼也：鸳鸯双双栖在梁上，掩其左翼相互依傍，这里形容不知道危险就在身边。

[245] 于止不知所止：应该停止而不知停止。

[246] 夫：语气助词。

[247] 反身而诚：反躬自问，是真诚踏实的人。

[248] 得其所以为我：不失人的精神品格。

[249] 舍其路：舍弃正道。

[250] 放：放纵，放弃。

[251] 夺:取得。

[252] 造化:福分,好运气。

[253] 坡诗:苏轼诗。

[254] 蜗涎:蜗行所分泌的黏液。

[255] 聊:略微。

[256] 予知:自谓聪明。

[257] 罟攫(huò):用网捕抓。

[258] 辟:通"避",躲避。

[259] 利欲驱人万火牛:人被利欲驱使,像火牛一样疯狂。火牛:双角缚兵刃,尾部束苇灌脂,焚之使冲杀敌军的牛。

[260] 盘根错节:比喻事情复杂,纠缠不清。

[261] 震撼:土地剧烈摇动,多指自然灾害。

[262] 折冲:使敌人的战车后撤,即制敌取胜。

[263] 心之白日:心里明亮的太阳。白日:太阳,阳光。

[264] 不知好学:不懂得好学的道理。

[265] 蔽:弊端,缺憾。

[266] 士子:学子,读书人。

[267] 著见:成就。

[268] 窃:谦辞,指自己。

[269] 审:知道,清楚,辨别。

[270] 处:置身在(某地、某种情况等)。

[271] 骄奢淫佚:形容生活放纵奢侈,荒淫无度。佚:通"逸",放荡。

[272] 客气:谦让,讲究礼仪。

[273] 主:对事物的意见或认为应当如何处理,决定。

[274] 风花雪月:花天酒地的荒淫生活。

[275] 照前顾后:这里指说谎带来的麻烦。

[276] 偷薄:轻薄,不厚道。

[277] 检点:言行谨慎。

[278] 饬(chì):谨慎,守规矩。

[289] 分:身份。

[280] 殊:特别。

[281] 直:通"只",只是,仅仅是。

[282] 顾名思义:从事物的名称联想到它的含义。

[283] 完:交纳。

[284] 督责:督察责罚,督促责备。

[285] 酷:残忍暴虐到极点。

[286] 监司:有监察州县之权的地方长官简称。

[287] 太祖圣谕:明太祖朱元璋为教化人民,促进社会和睦说的六句话:"孝顺父母,恭敬长上,和睦乡里,教训子孙,各安生理,毋作非为。"这六句话被称为"圣谕六言",又称"圣谕六条""教民六条""圣训六条"等。"圣谕六言"在中国法制史上很有影响,它既吸取了宋太祖圣谕,又为后来康熙十六条奠定了基础。

解 读

《药言》是姚舜牧为教导、训诫姚氏家族后人所著格言集。《药言》开篇便强调"'孝悌忠信,礼义廉耻',此八字是八个安身立命的柱子,有八柱始能成宇,有八字始克成人",全篇围绕这八个字展开阐述,训诫教导子孙后代。

《药言》的内容十分丰富,包含生活中的方方面面。其中的一些思想,如"一夫一妇是正理""蒙养不啻男也,女亦须从幼教之""凡议婚姻,当择其婿与妇之性行及家法何如,不可徒慕一时之富贵"等思想在当时都具有一定的进步色彩。《药言》中这些通俗易懂且实用的格言,不仅起到了教育、训诫姚氏家族的子孙后代的作用,也在明朝末期及以后起到了教化民众、普济众生的重要作用。

(编注:李子月 校对:高芳卉)

安得长者言

〔明〕陈继儒

作者简介

陈继儒(1558—1639),字仲醇,号眉公,又号麋公,松江华亭(今上海市松江区)人,明代著名文学家、书画家。一生著述颇丰,主要作品有《陈眉公全集》《晚香堂小品》,编有丛书《宝颜堂秘笈》六集。此外,他还撰写了颇多箴言小品类作品,包括《小窗幽记》《岩栖幽事》《太平清话》《模世语》等。①

导读

《安得长者言》是陈继儒在周游四方拜求名师时,记下的所见所闻、所感所想。他尽量将文章写得通俗易懂,希望即使只粗通文墨的子孙后代也能理解。

《安得长者言》是一部箴言体家训著作,以劝导训谕子孙后代,具有强烈的批判精神,很大程度上是针对晚明的社会风气进行劝导训谕,从修身处世之道等方面进行道德教育和训诫,以期达到警醒世人的作用。书名取自《汉书·龚遂传》中"安得长者之言而称之"一语,后将富含哲理、能够给人教益的话称为长者之言。②以"安得长者言"为名,是自谦之语。

原文

余少从四方名贤游,有闻辄掌录之[1]。已复死心茅茨[2]之下,霜降水落,时

---

① 张社国,陈哲.呻吟语[M].西安:三秦出版社,2006:279.
② 吕祖谦.汉书详节[M].上海:上海古籍出版社,2007:565.

弋[3]一二言,拈题纸屏上,语不敢文[4]。庶[5]使异日子孙躬耕之暇,若粗识数行字者读之,了了[6]也。如云安得[7]长者[8]之言而称[9]之,则吾岂敢?

吾本薄福人,宜行厚德事;吾本薄德人,宜行惜福事。

闻人善则疑之,闻人恶则信之,此满腔杀机也。

静坐然后知平日之气浮,守默[10]然后知平日之言躁,省事[11]然后知平日之费闲,闭户然后知平日之交滥,寡欲然后知平日之病多,近情[12]然后知平日之念刻[13]。

偶与诸友登塔绝顶,谓云:大抵做向上人,决要士君子[14]鼓舞。只如此塔甚高,非与诸君乘兴览眺,必无独登之理。既上四五级,若有倦意,又须赖诸君怂恿[15],此去绝顶不远。既到绝顶,眼界大,地位高,又须赖诸君提撕[16]警惕[17],跬步少差[18],易至倾跌。只此便是做向上一等人榜样也。

男子有德便是才,女子无才便是德。

士君子尽心利济[19],使海内人少他不得,则天亦自然少他不得。即此便是立命[20]。

吴芾[21]云:"与其得罪于百姓,不如得罪于上官。"李衡[22]云:"与其进而负于君,不若退而合于道。"二公南宋人也,合之可作出处铭[23]。

名利坏[24]人,三尺童子皆知之。但好利之弊,使人不复顾名[25];而好名之过,又使人不复顾君父,世有妨亲命以洁身,讪朝廷以卖[26]直者,是可忍也,孰不可忍也!

宦情太浓,归时过[27]不得;生趣太浓,死时过不得。甚矣!有味于淡也[28]。

贤人君子,专要扶公论[29],正《易》之所谓扶阳[30]也。

清苦是佳事。虽然,天下岂有薄于自待,而能厚于待人者乎?

一念之善,吉神随之;一念之恶,厉鬼随之。知此可以役使鬼神。

黄帝云:行及乘马,不用回顾,则神[31]去。今人回顾功名富贵,而去其神者,岂少哉?

士大夫当有忧国之心,不当有忧国之语。

属官论劾上司[32],时论[33]以为快。但此端一开,其始则以廉论贪,其究必以贪论贪矣,又其究必以贪论廉矣。使主上得以贱视大臣,而宪长[34]与郡县[35]和同为政[36]可畏也。

责备贤者,毕竟非长者言。

做秀才如处子,要怕人;既入仕如媳妇,要养人;归林下如阿婆,要教人。

广志远愿,规造[37]巧异,积伤至尽,尽则早亡,岂惟刀钱田宅[38]?若乃组织文字[39],以冀不朽,至于镂肺镌肝[40],其为广远巧异,心滋甚,祸滋速。

大约评论古今人物,不可便轻责人以死。

治国家有二言,曰:忙时闲做[41],闲时忙做[42]。变气质有二言,曰:生处渐熟[43],熟处渐生[44]。

看中人看其大处不走作[45];看豪杰看其小处不渗漏[46]。

火丽[47]于木丽于石者也。方其藏于木石之时,取木石而投之水,水不能克火也,一付于物,即童子得而扑灭之矣。故君子贵翕聚[48],而不贵发散[49]。

甀甀子每教人养喜神[50],止庵子每教人去杀机[51],是二言吾之师也。

朝廷以科举取士,使君子不得已而为小人也。若以德行取士,使小人不得已而为君子也。

奢者不特[52]用度过侈之谓,凡多视多听多言多动,皆是暴殄天物。

鲲鹏六月息[53],故其飞也能九万里。仕宦无息机,不仆则蹶[54]。故曰:知足不辱[55],知止不殆[56]。

人有嘿坐[57]独宿,悠悠忽忽者,非出世人[58],则有心用世[59]人也。

读书不独变人气质,且能养人精神,盖理义收摄故也[60]。

初夏五阳用事,于《乾》为飞龙。草木至此已为长旺,然旺则必极,至极而始收敛,则已晚矣。故康节[61]云:牡丹含蕊为盛,烂熳为衰。盖月盈日午,有道之士所不处焉。

医书云:居母腹中,母有所惊,则生子长大时发颠痫[62]。今人出官涉世,往往作风狂态者,毕竟平日带胎疾耳,秀才正是母胎时也。

士大夫气易动[63],心易迷[64],专为立界墙[65],全体面,六字断送一生。夫不言堂奥[66]而言界墙,不言腹心而言体面,皆是向外事[67]也。

任事[68]者,当置身利害之外;建言[69]者,当设身利害之中。此二语其宰相台谏[70]之药石[71]乎!

乘舟而遇逆风,见扬帆者不无妒念。彼自处顺,于我何关?我自处逆,于彼何与?究竟思之,都是自生烦恼,天下事大率类此。

用兵者仁义可以王,治国可以霸,纪律可以战,智谋则胜负共之,恃勇则亡。

出一个丧元气进士,不若出一个积阴德平民。救荒[72]不患无奇策,只患无真心,真心即奇策也。

凡议论要透,皆是好尽言也,不独言人之过。

吾不知所谓善,但使人感者即善也;吾不知所谓恶,但使人恨者即恶也。

讲道学者,得其土苴[73],真可以治天下,但不可专立道学门户,使人望而畏焉。严君平[74]卖卜,与子言,依于孝;与臣言,依于忠;与弟言,依于弟。虽终日谭学[75],而无讲学之名,今之士大夫恐不可不味此意也。

天理凡人之所生[76];机械凡人之所熟[77]。彼以熟而我以生,便是立乎不测[78]也。

青天白日,和风庆云,不特人多喜色,即鸟鹊且有好音。若暴风怒雨,疾雷闪电,鸟亦投林,人亦闭户,乖戾之感,至于此乎!故君子以太和[79]元气为主。

《颐》卦慎言语,节饮食,然口之所入者其祸小,口之所出者其罪多。故鬼谷子[80]云:"口可以饮,不可以言。"

吴俗坐定,辄问新闻。此游闲小人入门之渐[81],而是非媒孽[82]交构[83]之端也。地方无新闻可说,此便是好风俗、好世界。盖讹言之讹字,化其言而为讹也。

富贵功名,上者以道德享之,其次以功业当之,又其次以学问识见驾驭之,其下不取辱则取祸。

天下容有曲谨[84]之小人,必无放肆[85]之君子。

人有好为清态而反浊者,有好为富态而反贫者,有好为文态而反俗者,有好为高态而反卑者,有好为淡态而反浓者,有好为古态而反今者,有好为奇态而反平者。吾以为不如混沌[86]为佳。

人定胜天,志一动气[87],则命与数[88]为无权。

偶谭,司马温公[89]《资治通鉴》,且无论公之人品政事,只此闲工夫何处得来?所谓君子乐得其道,故老而不为疲也,亦只为精神不在嗜好上分去耳。

捏造[90]歌谣,不惟不当作,亦不当听,徒损心术,长浮风耳。若一听之,则清净心田中,亦下一不净种子矣。

人之嗜名节,嗜文章,嗜游侠,如嗜酒然,易动客气[91],当以德性消之。

有穿麻服白衣者,道遇吉祥善事,相与牵而避之,勿使相值[92]。其事虽小,其心则厚。

田鼠化为鴽,雀入大海化为蛤。虫鱼且有变化,而人至老不变何哉?故善用功者,月异而岁不同,时异而日不同。

好谭闺门,及好谈乱[93]者,必为鬼神所怒,非有奇祸,则有奇穷。

有济世[94]才者,自宜韬敛[95],若声名一出,不幸而为乱臣贼子所劫[96],或不幸而为权奸佞幸[97]所推,既损名誉,复掣[98]事几[99]。所以《易》之无咎无誉[100],庄生之才与不才,真明哲[101]之三窟[102]也。

不尽人之情,岂特[103]平居时,即患难时,人求救援,亦当常味此言。

俗语近于市[104],纤语[105]近于娼,诨语[106]近于优[107]。士君子一涉此,不独损威[108],亦难迓[109]福。

人之交友,不出趣味两字。有以趣胜者,有以味胜者,有趣味俱乏者,有趣味俱全者。然宁饶于味,而无宁饶于趣。

天下惟五伦[110]施而不报。彼以逆加,吾以顺受。有此病自有此药,不必校量[111]。

罗仲素[112]云:子弑父,臣弑君,只是见君父有不是处耳。若一味见人不是,则兄弟朋友妻子,以及于童仆鸡犬,到处可憎,终日落嗔[113]火坑[114]堑[115]中,如何得出头地?故云每事自反,真一帖清凉散[116]也。

小人专望[117]人恩,恩过不感[118];君子不轻受人恩,受则难忘。

好义者[119],往往曰义愤,曰义激,曰义烈,曰义侠,得中[120]则为正气[121],太过则为客气[122]。正气则事成,客气则事败。故曰:"大直若曲[123]。"又曰:"君子义以为质[124],礼以行之[125],逊以出之[126]。"

水到渠成,瓜熟蒂落。此八字受用一生。

医以生人,而庸工[127]以之杀人;兵[128]以杀人,而圣贤以之生人。

人之高堂[129]华服,自以为有益于我,然堂愈高则去头愈远;服愈华则去身愈外。然则为人乎?为己乎?

神人之言微[130],圣人之言简[131],贤人之言明[132],众人[133]之言多[134],小人之言妄[135]。

欲见古人气象[136],须于自己胸中洁净时观之。故云:见黄叔度[137],使人鄙吝[138]尽消。又云:见鲁仲连[139]、李太白,使人不敢言名利事。此二者亦须于自家体贴[140]。

泛交[141]则多费,多费则多营,多营则多求,多求则多辱。语不云乎:"以约失之者鲜矣[142]",当三复斯言[143]。

徐主事好衣白布袍,曰:"不惟俭朴,且久服无点污,亦可占养[144]。"

《河》《洛》《卦》《范》，皆图也，书则自可钻研，图则必由讨论。古人左图右书，此也。今有书而废图，故有学而无问。书不尽言，言不尽意，其惟图乎？

留七分正经[145]以度生，留三分痴呆以防死。

晦翁[146]云：天地一无所为，只以生万物为事。人念念在利济[147]，便是天地了也。故曰："宰相日日有可行的善事，乞丐亦日日有可行的善事，只是当面蹉过[148]耳。"

夫衣食之源本广，而人每营营苟苟[149]以狭其生；逍遥之路甚长，而人每波波急急以促其死。

士君子不能陶镕[150]人，毕竟[151]学问中火力未透。

人心大同处，莫生异同。大同处即是公论，公论处即是天理，天理处即是元气[152]。若于此处犯手者，老氏[153]所谓勇乎敢则杀也[154]。

孔子曰："斯民也，三代[155]之所以直道而行也。"不说士大夫，独拈"民"之一字，却有味。

沓[156]假山无巧法，只是得其性之重也，故久而不倾。观此则严重[157]者可以自立。

后辈轻薄[158]前辈者，往往促算[159]，何者？彼既贱老，天岂以贱者赠之。

有一言而伤天地之和，一事而折终身之福者切须检点。

人生一日，或[160]闻一善言，见一善行，行一善事，此日方不虚生。

王少河云：好色好斗好得禽兽[161]，别无所长，只长此三件，所以君子戒之。

静坐以观念头起处，如主人坐堂中，看有甚人来，自然酬答[162]不差。

入鸟不乱行，入兽不乱群，和之至也。人乃同类，而多乖睽[163]何与？故朱子云："执拗乖戾[164]者，薄命之人也。"

得意而喜，失意而怒，便被顺逆[165]差遣[166]，何曾作得主？马牛为人穿着鼻孔，要行则行，要止则止。不知世上一切差遣得我者，皆是穿我鼻孔者也。自朝至暮，自少至老，其不为马牛者几何？哀哉！

世乱时忠臣义士，尚思做个好人，幸逢太平，复尔温饱，不思做君子，更何为也？

凡奴仆得罪于人[167]者，不可恕也；得罪于我者，可恕也。

富贵家宜劝他宽[168]，聪明人宜劝他厚[169]。

天下惟圣贤收拾[170]精神，其次英雄，其次修炼之士[171]。

醉人胆大与酒融浃[172]故也。人能与义命[173]融浃,浩然之气自然充塞,何惧之有?

会见贤人君子而归,乃犹然故吾者,其识趋可知矣。

出言须思省,则思为主,而言为客,自然言少。

只说自家是者,其心粗而气浮也。

一人向隅[174],满堂不乐;一人疾言遽色[175],怒气嘳[176]人,人宁有怡者乎?

士大夫不贪官,不受钱,一无所利济以及人,毕竟非天生圣贤之意。盖洁己好修德也;济人利物功也。有德而无功可乎?

未用兵时,全要虚心用人[177];既用兵时,全要实心活人[178]。

孔子畏[179]大人[180],孟子藐大人。畏则不骄,藐则不谄,中道也。

少年时每思成仙作佛,看来只是识见嫩耳。

薄福者必刻薄,刻薄则福益薄矣;厚福者必宽厚,宽厚则福益厚矣。

进善言,受善言,如两来船,则相接耳。

人不易知,然为人而使人易知者,非至人[181],亦非真豪杰也。黄河之脉,伏地中者万三千里,而莫窥其际。器局[182]短浅,为世所窥,丈夫方自愧不暇[183],而暇求人知乎?

能受善言,如市人求利,寸积铢累,自成富翁。

扫杀机以迎生气,修庸德[184]以来异人。

金帛多,只是博得垂死时子孙眼泪少,不知其他,知有争而已;金帛少,只是博得垂死时子孙眼泪多,亦不知其他,知有亲而已。

喜时之言多失信,怒时之言多失体。

以举世皆可信者,终君子也;以举世皆可疑者,终小人也。

汉人取吏[185],曰廉平不苛,平则能在其中矣,廉能者,后世不熟经术之论也。

古人重侠肠[186]傲骨[187],曰:肠与骨非霍霍[188],簸弄[189]口舌,耸作[190]意气而已。郭解[191]陈遵[192]议论[193],长依名节。

清福上帝所吝,而习忙可以销福;清名上帝所忌,而得谤可以销名。

人不可自恕,亦不可使人恕我。

文中子[194]曰:太熙[195]之后,述史者几乎骂矣。呜呼!今之奏疏[196]亦然。

用人宜多,择友宜少。

不可无道心,不可泥道貌,不可有世情,不可忽世相[197]。

心逐物曰迷,法从心曰悟。

儒佛争辨,非惟儒者不读佛书之过,亦佛者不读儒书之过,故两家皆交浅而言深。

后生辈胸中,落"意气[198]"两字,则交游[199]定不得力;落"骚雅[200]"二字,则读书定不深心。

古之宰相,舍功名以成事业;今之宰相,既爱事业,又爱功名。古之宰相,如聂政涂面抉皮[201];今之宰相,有荆轲生劫秦王[202]之意,所以多败。

周颛[203]与何胤[204]书云:变之大者莫过死生,生之重者莫逾性命,性命于彼甚切,滋味在我可轻,故酒肉之事莫谈,酒肉之品莫多,酒肉之友莫亲,酒肉之僧莫接。

嗜异味者必得异病,挟怪性者必得怪证,习阴谋者必得阴祸,[205]作奇态者必得奇穷[206]。庄子一生放旷,却曰寓诸庸[207],原跳不出"中庸"二字也。

待富贵人不难有礼[208],而难有体,待贫贱人不难有恩,而又难有礼。

"怜才"二字,我不喜闻。才者当怜人,宁为人所怜?邵子[209]曰:"能经纶[210]天下之谓才。"

闭门即是深山,读书随处净土。

读史要耐[211]讹字[212],如登山耐亥路,踏雪耐危桥,闲居耐俗汉。

孔子云:"天生德于予[213],桓魋[214]其如予何[215]?"盖圣人之气,不与兵气合,故知其不害于桓魋。今人懒习文字者,由其气不与天地之气,及圣贤之清气合,故不得不懒也。①

注 释

[1] 有闻辄掌录之:有所见闻就记录下来。辄:就,总是。

[2] 茅茨(cí):简陋的居室,引申为平民里巷,这里代指隐居生活。

[3] 弋(yì):获取,得到。

[4] 文:华丽,辞藻华丽。

[5] 庶:表示希望。

[6] 了了:明白,懂得。

---

① 陈继儒.安得长者言[M].北京:中华书局,1985:1-11.

［7］安得：如何能得，怎能得。

［8］长者：贤良长者。

［9］称：赞扬。

［10］守默：保持安静，缄口不言。

［11］省事：简省俗事。

［12］近情：通达人情。

［13］念刻：观念刻板，执拗。

［14］士君子：旧时指有学问而品德高尚的人。

［15］怂恿：鼓舞，激励。

［16］提撕：拉扯，提携，教导，提醒。

［17］警惺(xīng)：警觉醒悟。惺：通"醒"。

［18］跬步少差：稍稍有半步的差错。跬步：半步。少差：细微的差异。

［19］利济：救济，施恩泽。

［20］立命：谓修身养性以奉天命。

［21］吴芾：南宋人，字明可，号湖山居士。绍兴二年进士，官秘书正字，因揭露秦桧卖国专权被罢官。后任监察御史，上疏高宗自爱自强、励精图治。

［22］李衡：南宋人，字彦平。绍兴十五年进士，官至秘阁修撰退休，后来定居昆山，建茅草别墅，拄着拐杖，穿着麻鞋，安闲自在，左右只有二个奴仆，聚书超过万卷，自号叫"乐庵"，死时年七十九。

［23］合之可作出处铭：吴芾和李衡的话合起来可以作为居官和隐退时的座右铭。

［24］坏：危害。

［25］不复顾名：不再顾及名声。顾：顾及。

［26］卖：故意表现在外面，让人看见。

［27］过：经受。

［28］有味于淡也：功名生死的诱惑要远远超过淡泊宁静啊。

［29］公论：公众的评论，公正的评论。

［30］扶阳：扶助阳爻。《易》系辞曰："阳一君而二民，君子之道也；阴二君而一民，小人之道也。"

［31］神：心思，精神。

［32］属官论劾上司：下属官员弹劾上司。论劾：论告弹劾，揭发罪状。

[33] 时论:当时的舆论。

[34] 宪长:古代中央监察机关的首长,如明清都察院的都御史。

[35] 郡县:郡县的长官。

[36] 和同为政:共同治理地方,处理政务。

[37] 规造:筹划制作,规划建造。

[38] 岂惟刀钱田宅:这难道说的只是聚敛资财,置田造宅吗?

[39] 组织文字:撰写文章。

[40] 镂(lòu)肺镌(juān)肝:费劲心力,苦心钻研。

[41] 忙时闲做:政务紧急时要心定气闲地处理。

[42] 闲时忙做:政务松闲时要抓紧解决隐患。

[43] 生处渐熟:对于生疏的东西要尽量变得熟悉。

[44] 熟处渐生:对于熟悉的东西要不断完善。

[45] 中人:一般人,普通人。走作:越规,放逸,可引申为出岔子,出纰漏。

[46] 渗漏:疏忽遗漏。

[47] 丽:附着,依附。

[48] 翕(xī)聚:聚合,收敛。

[49] 发散:发出,疏散,这里指张扬,锋芒毕露。

[50] 甔(dān)甀子:所指不详。甔:坛子一类的瓦器。养喜神:保持乐观的心态。喜神:旧时占卜所谓的吉神。

[51] 止庵子:所指不详。去杀机:摒除恶念。

[52] 不特:不仅,不但。

[53] 鲲鹏六月息:大鹏一休息就达六个月。鲲:传说中的大鱼。鹏:传说中的大鸟。

[54] 不仆则蹶(jué):不是累倒就是受挫折。仆:通"扑",向前跌倒。蹶:跌倒,比喻失败或挫折。

[55] 知足不辱:懂得知足就不会受辱。

[56] 知止不殆:知道见好就收就不会有危害。

[57] 嘿坐:沉默地坐着。嘿:通"默"。

[58] 出世人:隐士。

[59] 用世:积极参与世事。

[60] 盖理义收摄故也:大概是真理道义能制约影响人的原因吧。

[61] 康节:邵雍,字尧夫,北宋著名理学家、数学家、道士、诗人。

[62] 颠痫:俗称的"羊角风"或"羊癫风",是大脑神经元突发性异常放电导致短暂的大脑功能障碍的一种慢性疾病。

[63] 动:浮躁。

[64] 迷:辨认不清。

[65] 界墙:做学问的门派。

[66] 堂奥:比喻深奥的道理或境界。

[67] 向外事:只重外表,不重实际。

[68] 任事:担任大事,承担责任。

[69] 建言:提出建议,陈述主张或意见。

[70] 台谏:御史。

[71] 药石:药剂和砭石,泛指药物。

[72] 救荒:采取措施,度过灾荒。

[73] 土苴(jū):渣滓,糟粕,比喻微贱的东西。

[74] 严君平:又名庄君平,西汉晚期道家学者、思想家,名遵,字君平,隐居成都市井中,以卜筮(shì)为业。

[75] 谭学:谈论学问。谭:通"谈"。

[76] 生:陌生,生疏。

[77] 机械:巧诈。热:受人欢迎的。结合上下文意,此处意为熟悉。

[78] 不测:不可测度的,不可预料的,尤指意外的不幸事件。

[79] 太和:人的精神、元气、平和的心理状态。

[80] 鬼谷子:战国时著名的谋略家、纵横家的祖师、兵法集大成者,相传其额前四颗肉痣,成鬼宿之象。

[81] 入门之渐:事情发生的开端。渐:苗头。

[82] 媒孽:比喻借端诬罔构陷,酿成其罪。

[83] 交构:离间,搬弄是非。

[84] 曲谨:谨小慎微。

[85] 放肆:(言行)轻率任意,毫无顾忌。

[86] 混沌:我国传说中指宇宙形成以前模糊一团的景象,这里指淳朴自然。

[87] 志一动气:意志一旦发挥出超常的力量。

[88] 数:这里指命运,命数。

[89] 司马温公：司马光，字君实，号迂叟，世称涑水先生，北宋政治家、史学家、文学家，自称西晋安平献王司马孚之后代。

[90] 捏造：编造，编写。

[91] 客气：理学上以心为性的本体，以发自血气的生理之性为客气。

[92] 值：碰到，遇到。

[93] 乱：淫乱。

[94] 济世：救世，济助世人。

[95] 韬敛：敛藏。

[96] 劫：威逼，胁迫。

[97] 佞幸：以谄媚而得到宠幸。

[98] 掣(chè)：拽，拉。

[99] 事几：事情，事务。

[100] 无咎无誉：既没有错误，也没有功绩。

[101] 明哲：贤明先哲。

[102] 三窟：三个洞穴，这里比喻避祸藏身的地方多或藏身的计划周密。

[103] 特：单，仅仅。

[104] 市：市井小人。

[105] 纤(xiān)语：细软的语言。

[106] 诨(hùn)语：诙谐逗趣的话。

[107] 优：演戏的人。

[108] 威：表现出来的能压服人的力量或使人敬畏的态度。

[109] 迓(yà)：迎接。

[110] 五伦：封建时代称君臣、父子、兄弟、夫妇、朋友五种伦理关系。

[111] 校量：较量，计较。

[112] 罗仲素：罗从彦，字仲素，号豫章先生，宋朝经学家、诗人，豫章学派创始人。

[113] 嗔(chēn)：怒，生气。

[114] 火坑：比喻极端悲惨的生活环境。

[115] 堑(qiàn)：陷坑，亦喻挫折。

[116] 清凉散：消除烦怒的药剂。

[117] 望：盼望，希望。

[118] 感：感恩。

［119］好义者：崇尚道义的人。

［120］得中：适中，恰到好处。

［121］正气：光明正大的作风或纯正良好的风气。

［122］客气：言行虚伪，并非出自真诚。

［123］大直若曲：最正直的人外表反似委曲随和。

［124］质：本质。

［125］礼以行之：依照礼节行事。

［126］逊以出之：出门要谦逊。

［127］庸工：这里指庸医。

［128］兵：兵器。

［129］高堂：高大的厅堂。

［130］微：精深奥妙。

［131］言简：言简意赅。

［132］明：贤明通达。

［133］众人：大多数人。

［134］多：过分的，不必要的。

［135］妄：荒谬不合理。

［136］气象：气度，气局。

［137］黄叔度：东汉著名贤士黄宪，字叔度，号征君，周子居常云："吾时月不见黄叔度，则鄙吝之心已复生矣。"

［138］鄙吝：庸俗，鄙俗，形容心胸狭窄。

［139］鲁仲连：战国末期齐国人，长于阐发奇特宏伟、卓异不凡的谋略，却不肯做官任职，愿意保持高风亮节。

［140］体贴：细心体会，领悟。

［141］泛交：广泛结交。

［142］以约失之者鲜矣：语出《论语·里仁》，"子曰：以约失之者鲜矣"，因为约束自己而犯错误的人很少。

［143］三复斯言：反复朗读并体会这句话，形容对它极为重视。三复：多次反复。斯言：这句话。

［144］占养：推测这个人的修养。

［145］正经：端庄正派，严肃而认真。

[146] 晦翁:朱熹,字元晦,又字仲晦,号晦庵,晚称晦翁,谥文,世称朱文公,宋朝著名的理学家、思想家、哲学家、教育家、诗人,闽学派的代表人物,儒学集大成者,世尊称为朱子。

[147] 利济:救济,施恩泽。

[148] 蹉(cuō)过:错失,错过。

[149] 营营苟苟:形容人不顾廉耻,到处钻营。

[150] 陶镕:影响,浸润,培育。

[151] 毕竟:到底,终归。

[152] 元气:构成万物的原始物质。

[153] 老氏:老子。

[154] 勇乎敢则杀也:敢冒天下之大不韪的会被杀死。

[155] 三代:这里指夏商周三代。

[156] 沓:堆叠。

[157] 严重:严肃稳重。

[158] 轻薄:轻视鄙薄,不尊重。

[159] 促算:促寿,短命。

[160] 或:如果。

[161] 禽兽:鸟类和兽类。

[162] 酬答:用言语或诗文应答。

[163] 乖睽(kuí):背离。

[164] 乖戾:(性情、言语、行为)别扭,不合情理。

[165] 顺逆:生活中的顺境与逆境。

[166] 差遣:支配。

[167] 人:别人。

[168] 宽:宽宏大量。

[169] 厚:厚道。

[170] 收拾:收聚,聚拢。

[171] 修炼之士:道家从事修道炼丹的人。

[172] 融浃(jiā):融通和洽。

[173] 义命:正道,天命。

[174] 向隅(yú):面对着屋子的一个角落,后比喻孤独失意或因不得机遇而失望。

[175] 疾言遽(jù)色:言语神色粗暴急躁,形容对人发怒时说话的神情。

[176] 噀(xùn):含在口中而喷出。

[177] 虚心用人:虚心地任用贤人。

[178] 实心活人:诚心爱惜每个人的生命。

[179] 畏:敬服。

[180] 大人:大人物,指居高位者。

[181] 至人:思想或道德修养最高超的人。

[182] 器局:器量,度量。

[183] 暇:能够。

[184] 庸德:常德,一般的道德规范。

[185] 汉人取吏:汉朝选拔官吏。取:选拔。

[186] 侠肠:见义勇为、舍己助人的心肠。

[187] 傲骨:比喻高傲自尊、刚强不屈的性格。

[188] 霍霍:形容四处张扬的样子。

[189] 簸(bǒ)弄:摆弄,挑拨。

[190] 耸作:故作。

[191] 郭解(jiě):字翁伯,汉善相人许负的外孙,西汉时期游侠。

[192] 陈遵:字孟公,因功封嘉威侯。嗜酒,略涉传记,赡于文辞。性善书,与人尺牍,主皆藏弃以为荣。

[193] 议论:对人或事物的好坏是非等所发表的意见。

[194] 文中子:隋朝教育家、思想家、道家王通,字仲淹,道号文中子。

[195] 太熙:公元290年,西晋皇帝晋武帝司马炎的年号。

[196] 奏疏:奏章。

[197] 世相:社会的面貌,情况。

[198] 意气:偏激任性的情绪。

[199] 交游:结交朋友。

[200] 骚雅:风流儒雅。

[201] 聂政涂面抉(jué)皮:聂政为报严仲子知遇之恩,独自一人仗剑入韩都阳翟,刺杀严仲子的仇人韩相侠累。因怕连累与自己面貌相似的姊姊嫈,遂以剑自毁其面,挖眼、剖腹自杀。这里指只想立功不想扬名。聂政:战国时侠客,为春秋战国四大刺客之一。

[202] 荆轲生劫秦王：这里指想立功又想扬名。荆轲：战国时期著名刺客，卫国人，游历燕国，被燕太子丹尊为上卿，并派往秦国刺杀秦王政，刺杀不成反被杀。

[203] 周颙(yóng)：字彦伦，南朝宋、齐文学家，周颙言辞婉丽，工隶书，兼善老、易，长于佛理。

[204] 何胤(yìn)：字子季，南朝梁大臣、学者，博学多能。

[205] 证：通"症"，病症。阴祸：冥冥之中将要受到的惩罚。

[206] 奇穷：厄运。

[207] 寓诸庸：寄身于凡俗中。

[208] 礼：表示尊敬的言语或动作。

[209] 邵子：宋代理学家邵雍。

[210] 经纶：比喻筹划处理国家大事。

[211] 耐：忍耐，受得住。

[212] 讹字：传抄书写过程中字形发生讹变的字。

[213] 予：我。

[214] 桓魋(tuí)：东周春秋时期宋国人，宋桓公的后代，任宋国主管军事行政的官——司马，掌控宋国兵权。

[215] 其如予何：他能把我怎么样。

解 读

《安得长者言》作为家训，没有局限于治家之道、教子之道中，也非仅仅面向自己家族的子孙后代，而是面向社会风气，面向世人，进行了劝导和训谕，对当时社会弊端进行了批判，产生了深远的影响。因而我们绝不能将《安得长者言》视为一本"陈氏家训"来看待。

陈继儒具有强烈的批判精神，在《安得长者言》中，他抨击朝廷的科举制度，强调道德品行对选士的重要性；他批判世人只知追求功名利禄、痴迷于做官，空有忧国之语而无实际忧国之心、忧国之举，只讲学问门派而不言实质，表里不一。他重视人民，相信人民在历史发展中的决定力量，相信人民是历史发展的真正动力。他的批判精神和重视人民群众的思想，在世风日下、道德败坏的明朝末期发挥着警醒世人的作用。

(编注：李子月　校对：金　铭)

温氏母训

〔明〕温 璜

作者简介

温璜(1585—1645),原名以介,字于石,后改名璜,字宝忠,南浔(今浙江省湖州市南浔区)人。明朝末期官吏,顺治二年(1645)起兵抗清,兵败后手刃其妻子女儿,又自杀而亡。① 乾隆四十一年(1776)赐谥"忠烈"。

导读

温璜三岁时,父亲去世,温母陆氏尽力教其成才。温母平素勤俭持家,家法极严,她含辛茹苦,守节五十年,孝事婆母,教子读书成人,受到朝廷旌表。《温氏母训》是温璜根据母亲平时点滴言语的训诫教诲编订而成的,内容包括祖业的守成、家道的维系、女德的训言、子女的教育等等。陈宏谋《五种遗规·教女遗规》收录此书时赞言:"温母之训,不过日用恒言。而于立身行己之要,型家应物之方,简该切至,字字从阅历中来。故能耐人寻思,发人深省。"②

原文

穷秀才谴责下人,至鞭朴[1]而极矣。暂行知警[2],尝用则玩[3],教儿子亦然。

贫人不肯祭祀,不通庆吊[4],斯[5]贫而不可返者矣。祭祀绝,是与祖宗不相

---

① 张廷玉.明史:一至六册[M].长沙:岳麓书社,1996:4013.
② 陈宏谋.教女遗规译注[M].北京:中国华侨出版社,2013:167.

往来；庆吊绝，是与亲友不相往来，名曰"独夫[6]"，天人不佑。

凡无子而寡者，断宜依向嫡侄为是[7]。老病终无他诿[8]，祭祀近有感通[9]。爱女爱婿，决难到底同住。同住到底，免不得一番扰攘官司[10]也。

凡寡妇，虽亲子侄兄弟，只可公堂[11]议事，不得孤召密嘱[12]。

寡居有婢仆者，夜作明灯往来[13]。

少寡不必劝之守，不必强之改，自有直捷相法[14]。只看晏眠早起，恶逸好劳，忙忙地无一刻丢空者[15]，此必守志人。身勤则念专，贫也不知愁，富也不知乐，便是铁石手段。若有半晌偷闲，老守终无结果。吾有相法要诀，曰："寡妇勤，一字经。"

妇女只许粗识"柴、米、鱼、肉"数百字，多识字，无益而有损也。

贫人弗说大话，妇人弗说汉话[16]，愚人弗说乖话[17]，薄福人弗说满话[18]，职业人弗说闲话[19]。

凡人同堂同室同窗多年者，情谊深长，其中不无败类之人。是非自有公论，在我当存厚道。

世人眼赤赤，只见黄铜白铁。受了斗米串钱，便声声叫大恩德。至如一乡一族，有大宰官风抵浪的；有博学雄才，开人胆智的；有高年老辈，道貌诚心。后生小子，步其孝弟长厚[20]，终身受用不穷的。这等大济益处，人却埋没不提，才是阴德[21]。

但愿亲人人丰足，宁我只贫自守，使一人富厚，九族饥寒，便是极缺处，非大忍辱人[22]不能周旋其间。

周旋亲友，只看自家力量，随缘搭应。穷亲穷眷，放他便宜一两处，才得消谗免谤。

凡人说他儿子不肖[23]，还要照管伊父体面[24]，说他婆子[25]不好，还要照管伊夫体面。

有一等人揎贩风闻，为害不小；有一等人认定风闻，指为左券[26]，布传远近；有一等人直肠直口，自谓不欺，每为造言捏谤[27]，诱作先锋，为害更甚。

贫家无门禁[28]，然童女倚帘窥幕[29]，邻儿穿房入闼[30]，各以幼小不禁，此家教不可为训处。

中年丧偶，一不幸也。丧偶事小，正为续弦费处[31]。前边儿女[32]，先将古来许多晚娘恶件[33]，填在胸坎。这边妇[34]父母婢，唆教自立马头出来。两边闲杂人,占风望气,弄去搬来。外边无干人,听得一句两句,只肯信歹,不肯信好,真是清官判断不开。不幸之苦,全在于此。然则如之何?只要作家主的,一者用心周到,二者立身端正。生只消受[35]得一个"巴"[36]字,日巴晚,月巴圆,农夫巴一年,科举巴三年[37],官长巴六年九年,父巴子,子巴孙,巴得歇得[38],便是好汉子。

凡父子姑媳[39],积成嫌隙,毕竟上人[40]要认一半过,去其胸中横竖[41]道卑幼奈我不得。

富家兄弟,各门别户,最易生嫌,勤邀杯酒,时常见面,此亦远谗闲之法。

贫人未能发迹[42],先求自立。只看几人在坐,偶失物件,必指贫者为盗薮[43];几人在坐,群然作弄,必持贫者为话柄。人若不能自立,这些光景,受也要你受,不受也要你受。

寡妇弗轻受人惠。儿子愚,我欲报而报不成;儿子贤,人望报而报不足。

我生平不受人惠,两手拮据[44],柴米不缺。其馀有也挨过,无也挨过。

我生平不借债结会[45],此念一起,早夜见人不是。

作家的,将祖宗紧要作不到事,补一两件;作官的,将地方紧要作不到事,干一两件,才是男子结果。高爵多金,还不算是结果。

人言日月相望,所以为望,还是月亮望日,所以圆满不久也。你只看世上有贫人仰望富人的,有小人仰望贵人的,只好暂时照顾,如十五六夜月耳,安得时时偿你缺陷?待到月亮尽情乌有,那时日影再来光顾些须。此天上榜样也。贫贱求人,时时满望,势所必无,可不三思?

儿子是天生的,非打成的。古云:"棒头出肖子[46]。"不知是铜打就铜器,是铁打就铁器,若把驴头打作马面,有是理否[47]?

远邪佞[48],是富家教子第一义;远耻辱,是贫家教子第一义。至于科第文章,总是儿郎自家本事。

贵客下交寒素[49],何必谢绝?蔬水往还,大是美事。只贵人减驺从[50],便是相谅;贫士少干求[51],便是可久之道也。

朋友通财[52]是常事,只恐无器量的承受不起,所以在彼名为恩,在我当知感。古来鲍子容得管子,却是管子容得鲍子。譬如千寻[53]松树,任他雨露繁滋,挺挺承当起。

世间轻财好施之子,每到骨肉,反多悋吝[54],其说有二:他人蒙惠一丝一粒,连声叫感,至亲视为固然之事,一不堪[55]也;他人至再至三,便难启口,至亲引为久常之例,二不堪也。但到此处,正如哑子黄连,说苦不得。或兄弟而父母高堂,或叔侄而翁姑[56]尚在,一团情分,砺斧难断。稍有念头,防其干涉,杜其借贷,将必牢拴门户,狠作声气,把天生一副恻怛[57]心肠,盖藏殆尽,方可坐视不救。如此便比路人仇敌,更进一层。岂可如此? 汝深记我言。

富贵之交,意气骤浓者,当防其骤夺[58]。凡骤者不恒[59],只平平自好。

凡富家子弟交杂[60]者,虽在师位不可急离[61]之,则怨谤顿生。不可显斥其交[62],显斥之益固其合[63]。但当正以自持,相机而导[64]。

介告母曰:"古人治生[65]为急[66]。一读书生啬矣[67]。"母曰:"士农工商,各执一业。各人各治所生,读书便是生活。"

问介:"侃母高在何处[68]?"介曰:"剪发饷人[69],人所难到。"母曰:"非也。吾观陶侃运甓习劳[70],乃知其母平日教有本[71]也。"

问介:"吾族多贫,何也?"介曰:"北自葵轩公[72]生四子,分田一千六百亩。今子孙六传,产废丁繁,安得不贫?"母曰:"岂有子孙专靠祖宗过活? 天生一人,自料一人衣禄。若有高低,各执一业,大小自成结果。今见各房子弟,长袖大衫,酒食安饱,父母爱之,不敢言劳,虽使先人贻[73]百万赀[74],坐困必矣。"

世人多被"心肠好"三字坏了。假如你念头要作好儿子,须外面实有一般孝顺行径;你念头要作好秀才,须外面实有一般勤苦行径。心肠是无形无影的,有何凭据? 凡说心肠好者,都是规避[75]样子。

中等之人[76],心肠定是无他。只为气质粗慢,语言鄙悖,外人不肯容恕。当尔时,岂得自恃无他,将心唐突[77]?

世多误认"直"字,如汝读书,只晓读书一路到底,这便是直人。汝自家着实读书,方说他人不肯读书,这便是直言。今人谓直,却是方底骂圆盖耳[78],毒口快肠,出尔反尔,岂得直哉?

贫家儿女,无甚享用,只有盏上一揖[79],高叫深恭,大是恩至。每见汝一揖便走,慌慌张张,有何情味?

读书到二三十岁,定要见些气象[80]。便是着衣吃饭,也算人生一件事。每见汝吃饭忙忙碌碌,若无一丝空地。及至饭毕,却又闲荡,可是有意思人。

治生是要紧事。汝与常儿不同,吾辛苦到此,幸汝成立[81],万一饥寒切身,外间论汝是何等人?

人有父母妻子,如身有耳目口鼻,都是生而具的,何可不一经理[82]？只为俗物将精神意趣,全副交与家缘[83],这便唤作家人,不唤读书人。

贫富何常[84],只要自身上通达得去。是故贫当思通,不在守分；富当思通,不在知足。不缺祭享,不失庆吊,不断书香,此贫则思通之法也；仗义周急[85],尊师礼贤,此富则思通之法也。

劳如我,不成怯,证世无病怯[86]者；苦如我,不成郁,证世无病郁[87]者。

作人家[88]切弗贪富,只如俗言"从容"二字甚好。富无穷极[89],且如千万人家浪用,尽有窘迫时节。假若八口之家,能勤能俭,得十口赀粮；六口之家,能勤能俭,得八口赀粮,便有二分馀剩。何等宽舒！何等康泰！

过失与习气相别,偶一差错,只算过误。至再至三,便成习非,此处极要点察[90]。

凡亲友急难,切不可闭门坐视,然亦不可执性莽作。世间事不是件件干得,才唤干人[91]。

汝与朋友相与[92],只取其长,弗计其短。如遇刚愎[93]人,须耐他戾气[94]；遇骏逸[95]人,须耐他罔气[96]；遇朴厚人,须耐他滞气[97]；遇佻达[98]人,须耐他浮气。不徒取益无方[99],亦是全交[100]之法。

闭门课子[101],非独前程远大。不见匪人[102],是最得力。

堂上有白头,子孙之福。

堂上有白头,故旧联络,一也；乡党信服,二也；子孙禀令[103],僮仆遗规[104],三也；谈说祖宗故事与郡邑先辈典型,四也；解和少年暴急,五也；照料琐细,六也。

父子主仆,最忌小处烦碎[105],烦碎相对,面目可憎。

懒记账籍,亦是一病。奴仆因缘[106]为奸,子孙猜疑成隙,皆由于此。

家庭礼数,贵简而安[107],不欲烦而勉[108]。富贵一层,繁琐一层；繁琐一分,疏阔[109]一分。

人家子弟,作揖高叫深恭,绝好家法。凡蒙师教初学,从此起。

凡子弟每事一禀命于所尊,便是孝弟。

吾闻沈侍郎家法,有客至,呼子弟[110]坐侍[111],不设杯箸[112]。俟[113]酒毕,另与子弟尝蔬同饭。此训蒙恭俭[114]之方。

曾祖母告诫汝祖汝父云："人虽穷饥,切不可轻弃祖基。祖基一失,便是落叶不得归根之苦。吾宁日日减餐一顿,以守尺寸之土也。"出厨尝以手门锅,盖不使儿女辈减灶更然[115]。今各房基地,皆有变卖转移,独吾家无恙[116],岂容易得到今日?念之念之!

汝大父[117]赤贫,曾借朱姓者二十金,卖米以糊口。逾年[118],朱姓者病且笃[119],朱为两槐公纪纲[120],不敢以私债使闻主人[121],旁人私幸以为可负也。时大父正客姑熟[122],偶得朱信,星夜赶归,不抵家,竟持前欠本利至朱姓处。朱已不能言,大父徐徐出所持银告之曰:"前欠一一具奉,乞看过收明。"朱姓忽蹶起颂言曰:"世上有如君忠信人哉?吾口眼闭矣。愿君世世生贤子孙。"言已气绝。大父遂哭别而归。家人询知其还欠,或骇[123]之。大父曰:"吾故骇。所以不到家者,恐为汝辈所惑也。"如此盛德,汝曹[124]可不书绅[125]?

问世间者何者最乐?母曰:"不放债、不欠债的人家,不大丰、不大歉的年时,不奢华、不盗贼的地方,此最难得。免饥寒的贫士,学孝弟的秀才,通文义的商贾,知稼穑[126]的公子,旧面目的宰官[127],此尤难得也。"

凡人一味好尽[128],无故得谤[129];凡人无故不拘[130],无故得谤;凡寡妇不禁子弟出入房阁,无故得谤;妇盛饰容仪,无故得谤;妇人屡出烧香看戏,无故得谤;严刻仆隶,菲薄[131]乡党,无故得谤。

凡人家处前后嫡庶妻妾之间者,不论是非曲直,只有塞耳闭口为高。用气性者,自讨苦吃。

联属[132]下人,莫如减冗员而宽口食[133]。

作人家高低有一条活路便好。

凡与人田产钱财交涉者,定要随时[134]讨个决绝,拖延生事。

妇人不谙[135]中馈[136],不入厨堂,不可以治家。使妇人得以结伴联社,呈身露面,不可以齐家。

受谤之事,有必要辩者,有必不可辩者。如系田产钱财的,迟则难解,此必要辩者也;如系闺阃[137]的,静则自消,此必不可辩者也;如系口舌是非的,久当自明,此不必辩者也。

凡人气盛时,切莫说道:"我性子定要这样的,我今日定要这样。蓦直作去,毕竟有搕撞。"

世间富贵不如文章,文章不如道德。却不知还有两项压倒在上面的:一者名分,贤子弟决难漫灭[138]亲长,贤有司[139]决难侮傲[140]上台[141];一者气运,尽有富贵,交著衰运,尽有文章,遭著厄运,尽有道德,逢著末运[142],圣贤卿相,作不得主。

问介:"子夏问孝[143],子曰:'色难[144]。'如何解说?"介跪讲毕。母曰:依我看来,世间只有两项人是色难:有一项性急人,烈烈轰轰,凡事无不敏捷,只有在父母跟前,一味自张自主的气质,父母其实难当[145];有一项性漫人,落落拓拓[146],凡事讨尽便宜,只有在父母跟前,一番不痛不痒的面孔,父母更觉难当。

问介:"'至于犬马,皆能有养,[147]不敬何以别乎[148]?'如何解说?"介跪。"犬马"二字尝在心里省觉,便是恭敬孝顺。你看世上儿子,凡日间任劳任重的,都推与父母去作,明明养父母直比养马了;凡夜间晏眠早起的,都付与父母去守,明明养父母直比养犬了。将人比畜,怪其不伦,况把爹娘禽兽看待,此心何忍?禽父母谁肯承认[149]?却不知不觉日置父母于禽兽中也。一念及此,通身汗下,只消[150]人子将父母禽兽分别出来,勾[151]恭敬了,勾了。

人当大怒大忿之后,睡了一夜,还要思量[152]。①

注释

[1] 鞭朴:鞭打。朴:通"扑",打。

[2] 暂行知警:偶尔责罚鞭打一两次,能起到警戒的作用。暂行:偶尔使用。

[3] 尝用则玩:经常责罚鞭打,就会被轻慢。玩:轻慢,轻视。

[4] 不通庆吊:亲戚朋友有了喜事不去庆贺,有了丧事不去吊唁。

[5] 斯:这。

[6] 独夫:众叛亲离之人。

[7] 断宜依向嫡侄为是:一定要依靠嫡侄生活才对。断:绝对。

[8] 老病终无他诿:将来年老体病,嫡侄没有推诿之理。诿:推诿,推卸责任。

[9] 祭祀近有感通:每逢祭祀时,嫡侄虽不是自己亲生的,但与自己的丈夫有着最亲的血缘关系,所以祭祀时会有感通。

[10] 扰攘官司:官司纠纷。扰攘:纷乱。

[11] 公堂:有众人在场的厅堂。

[12] 孤召密嘱:单独召来,私下谈话。

---

① 温以介.温氏母训[M].北京:中华书局,1985:1-9.

[13] 夜作明灯往来：晚上往来，应当秉烛持灯，明来明去。

[14] 相(xiàng)法：观察人的方法。

[15] 无一刻丢空者：不留一刻空闲时间。

[16] 汉话：男子说的话。

[17] 乖话：看似乖巧的话。

[18] 满话：不留余地，过于绝对的话。

[19] 闲话：与职业无关的话。

[20] 步其孝弟长厚：追随其孝弟，恭谨忠厚。

[21] 阴德：埋没别人的恩德。阴：通"荫"，埋没，掩盖。

[22] 非大忍辱人：非常能忍受屈辱的人。

[23] 不肖：一般是称不孝之子为不肖，也指不才，不正派，品行不好，没有出息等。

[24] 照管伊父体面：顾及他父亲的面子。伊：他。体面：面子，名誉。

[25] 婆子：老婆，妻子。

[26] 左券：古代称契约为券，用竹做成，分左右两片，立约的各拿一片，左券常用作索偿的凭证，这里指将传闻当作有凭据的事。

[27] 为：被。造言捏谤：造谣诽谤的人。

[28] 门禁：守卫，警戒。

[29] 倚帘窥幕：倚着帘子偷看帐幕内。

[30] 闼(tà)：位于寝室左右的小屋。

[31] 费处：难以处理好关系。

[32] 前边儿女：前妻所生的儿女。

[33] 晚娘恶件：后母虐待子女的事件。

[34] 妇：后妻。

[35] 消受：禁受，忍受。

[36] 巴：盼望。

[37] 三年：科举从宋代起三年举行一次。

[38] 巴得歇得：能盼望美好未来，又能超脱。

[39] 姑媳：婆媳。

[40] 上人：长辈。

[41] 横竖：反正。

[42] 发迹：人在事业上得志，变得有财有势，或指人脱离困顿状况而得志，兴起。

[43] 盗薮(sǒu):强盗聚集的地方。

[44] 拮据:缺少钱。

[45] 结会:为解决金钱短缺问题而自愿结合的互助组织。

[46] 肖子:在志趣等方面与其父一样的儿子。

[47] 有是理否:有这样的道理吗?

[48] 邪佞:奸邪之人,伪善之人。

[49] 寒素:这里指家世贫寒、地位卑下的人。

[50] 驺(zōu)从:封建时代贵族官僚出门时所带的骑马的侍从。

[51] 干求:请求,求取。

[52] 通财:这里指朋友互相借用钱财。

[53] 寻:古代长度单位,八尺为一寻。

[54] 恚(huì)吝:吝啬。

[55] 堪:能忍受,能承受。

[56] 翁姑:公婆。

[57] 恻怛(dá):恻隐。

[58] 骤夺:迅速改变。

[59] 恒:长久。

[60] 交杂:混杂。

[61] 急离:急于使他们分离。

[62] 显斥其交:明显地斥责他们的交往。

[63] 益固其合:使他们的结合更加牢固。

[64] 相机而导:查看机会,加以引导。

[65] 治生:经营家业,谋生计。

[66] 急:重要,要紧。

[67] 生啬矣:生活便会很窘迫。

[68] 侃母高在何处:陶侃母亲的高明之处在哪?

[69] 剪发饷人:将自己的头发剪掉,用卖头发的钱招待客人。饷:招待,供给或提供吃喝的东西。

[70] 运甓(pì)习劳:搬运砖瓦,经常劳动。甓:砖瓦。习:经常。

[71] 教有本:教子有方。本:本事,在某个方面有一定的能力。

[72] 葵轩公:温璜的祖先。

[73] 贻:遗留。

[74] 赀(zī):通"资",财货。

[75] 规避:设法避开,躲避。

[76] 中等之人:一般的人。

[77] 唐突:冒犯。

[78] 方底骂圆盖耳:这里指现在的"直"和过去"直"完全是两回事。方底圆盖:方底器皿,圆形盖子,比喻事物不相合。

[79] 蚤上一揖:早上拱手行礼。蚤:通"早"。揖:拱手行礼。

[80] 气象:情景,情况。

[81] 成立:成人,自立。

[82] 经理:照料,经营管理,处理。

[83] 家缘:家务。

[84] 贫富何常:贫富哪里会长久不变。

[85] 周急:周济困急。

[86] 病怯:患害怕的病。怯:害怕。

[87] 病郁:患忧郁的病。郁:忧郁。

[88] 作人家:居家。

[89] 富无穷极:富无止境。穷极:穷尽,极尽。

[90] 点察:检点,检察。

[91] 干人:有才干的人,有能力的人。干:才干,能力。

[92] 相与:相交往。

[93] 刚愎:固执己见,不肯接受他人的意见。

[94] 戾气:刚劲暴烈之气。

[95] 骏逸:有超群洒脱的气概。

[96] 罔气:欺罔他人之气。

[97] 滞气:迟钝之气。

[98] 佻达:轻薄放荡,轻浮。

[99] 不徒取益无方:不仅取他们的益处无法计算。

[100] 全交:保全维护交谊或友情。

[101] 闭门课子:关起门来教导儿子读书。

[102] 匪人:行为不端正的人。

[103] 禀令:禀受命令。

[104] 僮仆遗规:给家童和仆人留下规矩。

[105] 烦碎:繁杂琐碎。

[106] 因缘:趁机。

[107] 贵简而安:贵在简洁,能使人们都安定下来。

[108] 不欲烦而勉:不要过于烦琐而使他人感到勉强。

[109] 疏阔:疏远,不亲近。

[110] 子弟:子与弟,指子侄辈,泛指年轻后辈。

[111] 坐侍:陪侍,侍坐。

[112] 箸:筷子。

[113] 俟:等待。

[114] 训蒙恭俭:教育儿童恭谨谦逊。恭俭:恭谨谦逊,恭谨俭约。

[115] 更然:再次点燃。然:通"燃"。

[116] 无恙:没有疾病,没有受害。

[117] 大父:祖父。

[118] 逾年:一年以后,第二年。

[119] 笃:(病势)沉重。

[120] 纪纲:统领仆隶的人,这里指朱姓者是统领两槐公仆人的人。

[121] 使闻主人:让主人知道。

[122] 姑熟:古城名,现今安徽省当涂县。

[123] 骇(ái):傻。

[124] 汝曹:你们。

[125] 书绅:把要牢记的话写在绅带上,即要牢记他人的话。

[126] 稼穑(sè):耕种收获,泛指农业劳动。穑:收割谷物。

[127] 宰官:泛指官吏。

[128] 凡人一味好尽:平常人好做过头事,说过头话。

[129] 无故得谤:没有错误也会遭到诽谤。

[130] 不拘:不懂得约束自己。

[131] 菲薄:轻视,瞧不起。

[132] 联属:联络,联结。

[133] 莫如减冗员而宽口食:还不如裁减多余的人员,减少开支,让生活富裕些。

[134] 随时:当即,当下。

[135] 不谙:不了解,没有经验。

[136] 中馈:妇女在家里主管的炊事等事。

[137] 闺阃(kǔn):妇女居住的内室。

[138] 漫灭:埋没。

[139] 有司:官吏。

[140] 侮傲:傲视和轻慢他人,没有礼貌。

[141] 上台:出任官职或掌权(多含贬义)。

[142] 末运:行将衰亡的命运。

[143] 子夏问孝:子夏问孔子什么是孝道。

[144] 色难:出自《论语·为政》,意思是(对父母)和颜悦色,是最难的,多指对待父母要真心实意,不能只做表面文章。

[145] 难当:难以忍受。

[146] 落落拓(tuò)拓:不拘一格,满不在乎。

[147] 至于犬马,皆能有养:对于马和狗,人们都能加以喂养。

[148] 不敬何以别乎:不孝顺父母的话,与喂养狗和马有什么区别呢?

[149] 禽父母谁肯承认:谁肯承认自己的父母是禽兽。

[150] 消:需要。

[151] 勾:通"够",足够。

[152] 思量:反省考虑。

解 读

《温氏母训》是温璜记录温母平日训诫教子的话语,通过一段段语录或对话形式展现出来,虽没有系统的脉络,但涉及了教子、治家、交友、为人处世、妇道的方方面面。这些话语都是温母一生的经验总结,语言十分通俗,耐人寻味,引人深思。

对于《温氏母训》中的一些思想,我们也应理性看待,"妇女只许粗识'柴、米、鱼、肉'数百字,多识字,无益而有损也",实际上是限制女性接受教育;"妇人不谙中馈,不入厨堂,不可以治家。使妇人得以结伴联社,呈身露面,不可以齐家",反对女性出头露面,意欲约束女性的行为。

(编注:李子月 校对:高芳卉)

郑板桥家书(节选)

〔清〕郑板桥

作者简介

郑板桥(1693—1766),原名郑燮,字克柔,号理庵,又号板桥,人称板桥先生,江苏兴化人,祖籍苏州。清代书画家、文学家。一生喜画兰、竹、石,自称"四时不谢之兰,百节长青之竹,万古不败之石,千秋不变之人",其诗书画,世称"三绝",著有《郑板桥集》。

导 读

《郑板桥家书》是中国古代"齐家"文化的代表作之一。板桥家书,多写于范县、潍县任上,以给堂弟郑墨最多。郑板桥与郑墨感情深厚,家中事务均由郑墨照应。这些家书,有少量涉及谈诗论画、读书心得、文艺主张的杂感,但更多的则"绝不谈天说地,而日用家常,颇有言近旨远之处",后精选十六篇付梓成《郑板桥家书》。此书就是郑板桥在外客居或仕宦时,郑墨在兴化主持家计,弟兄常常互通音问、纵谈人生、讨论学问、商量家事的记录。

原 文

雍正十年杭州韬光庵中寄舍弟墨

谁非黄帝尧舜之子孙,而至于今日,其不幸而为臧获、为婢妾,[1]为舆台皂隶[2],窘穷迫逼,无可奈何。非其数十代以前即自臧获、婢妾、舆台皂隶来也。一旦奋发有为,精勤不倦,有及身而富贵者矣,有及其子孙而富贵矣,王侯将相岂有种乎！而一二失路名家[3]，落魄贵胄，借祖宗以欺人，述先代而自大。辄[4]曰："彼[5]何人也，反在霄汉；我何人也，反在泥涂。天道不可凭，人事不可问！"嗟乎！不知此正所谓天道人事也。天道福善祸淫，彼善而富贵，尔淫而贫贱，理也，庸[6]何伤？天道循环倚伏[7]，彼祖宗贫贱，今当富贵，尔祖宗富贵，今当贫贱，理也，又何伤？天道如此，人事即在其中矣。愚兄为秀才时，检家中旧书簏[8]，得前代家奴契券，即于灯下焚去，并不返诸其人。恐明与之，反多一番形迹，增一番愧恧[9]。自我用人，从不书券[10]，合则留，不合则去。何苦存此一纸，使吾后世子孙，借[11]为口实，以便苛求抑勒乎！如此存心，是为人处，即是为己处。若事事预留把柄，使人其网罗，无能逃脱，其穷愈速，其祸即来，其子孙即有不可问之事、不可测之忧。试看[12]世间会打算的，何曾打算得别人一点，直是算尽自家耳！可哀可叹，吾弟识之。

仪真[13]系江村茶社寄舍弟

江雨初晴，宿烟收尽，林花碧柳，皆洗沐以待朝暾；而又娇鸟唤人，微风叠浪，吴、楚[14]诸山，青葱明秀，几欲渡江而来。此时坐水阁上，烹龙凤茶[15]，烧夹剪香，令友人吹笛，作《落梅花》[16]一弄，真是人间仙境也。

嗟乎！为文者不当如是乎！一咱新鲜秀活之气，宜场屋，利科名，即其人富贵福泽享用，自从容无棘刺。王逸少、虞世南书，[17]字字馨逸，二公皆高年厚福。诗人李白[18]，仙品也；王维[19]，贵品也；杜牧[20]，隽品也。维、牧皆得大名，归老辋川、樊川，车马之客，日造[21]门下。维之弟有缙[22]，牧之子有荀鹤[23]，又复表后人。惟太白长流夜郎[24]，然其走马上金銮，御手调羹，贵妃侍砚，与崔宗之着宫锦袍游遨江上，望之如神仙。过扬州[25]未匝月[26]，用朝廷金钱三十六万，凡失落名流、落魄公子，皆厚赠之，此其际遇何如哉！正不得以夜郎为太白病[27]。先朝董思白[28]、我朝韩慕庐[29]，皆以鲜秀之笔，作为制艺[30]，取重当时。思翁犹是庆、历规模，慕庐则一扫从前，横斜疏放，愈不整齐，愈觉妍妙[31]。二公并以大宗伯归老于家，享江山儿女之乐。方百川、灵皋两先生，[32]出慕庐门下，学其文而精思刻酷过之；然一片怨词，满纸凄调。百川早世，灵皋晚达，其崎岖屯难亦至矣，皆其文之所必致也。吾弟为文，须想春江之妙境，把先辈之美词，令人悦心娱目，自尔利科名，厚福泽。

或曰：吾子论文，常曰生辣，曰古奥，曰离奇，曰淡远，何忽作此秀媚语？休曰：论文，公道也；训子弟，私情也。岂有子弟而不愿其富贵寿考者乎！故韩非、商鞅、晁错之文，[33]非不刻削，吾不愿子弟学之也；褚河南、欧阳率更之书，[34]非不孤峭，吾不愿子孙学之也；郊寒岛瘦，长吉鬼语，[35]诗非不妙，吾不愿子孙学之也。私也，非公也。

是日许生既白买舟系阁下，邀看江景，并游一饤港。书罢，登舟而去。

焦山别峰雨中无事寄舍弟墨

秦始皇烧书，孔子亦烧书。删《书》断自唐、虞，[36]则唐、虞以前，孔子得而烧之矣。《诗》三千篇[37]，存三百十一篇，则二千六百八十九篇，孔子亦得而烧之矣。孔子烧其可烧，故灰灭无所复存，而存者为经，身尊道隆，为天下后世法。始皇虎狼其心，蜂虿其性，烧经灭圣，欲剜天眼而浊人心，故身死宗亡国灭，而遗经复出[38]。始皇之烧，正不如孔子之烧也。

自汉以来，求书著书，汲汲[39]每若不可及。魏、晋而下，迄于唐、宋，著书者数千百家。其间风云月露之辞，悖理伤道之作，不可胜数，常恨不得始皇而烧之。而抑又不然，此等书不必始皇烧，彼将自烧也。昔欧阳永叔读书秘阁中，见数千万卷皆霉烂不可收拾，又有书目数十卷亦烂去，但存数卷而已。视其人名皆不识，视其书名皆未见。夫欧公不为不博，而书之能藏秘阁者，亦必非无名之子。录目数卷中，竟无一人一书识者，此其自焚自灭为何如！尚待他人举火乎？近世所存汉、魏、晋丛书，唐、宋丛书，《津逮秘书》，《唐类函》，《说郛》，《文献通考》，杜佑《通典》，郑樵《通志》之，皆卷册浩繁，不能翻刻，数百年兵火之后，十亡七八矣。

刘向《说苑》《新序》《韩诗外传》，陆贾《新语》，扬雄《太玄》《法言》，王充《论衡》，蔡邕《独断》，皆汉儒之矫矫者也。虽有些零碎道理，譬之"六经"，犹苍蝇声耳，岂得为日月经天，江河行地哉！吾弟读书，"四书"之上有"六经"，"六经"之下有《左》《史》《庄》《骚》，贾、董策略，[40]诸葛表章，韩文、杜诗而已，只此数书，终身读不尽，终身用不尽。至如《二十一史》[41]，书一代之事，必不可废。然魏收秽书[42]、宋子京《新唐书》，简而枯；脱脱《宋书》，冗而杂。欲如韩文、杜诗脍炙人口，岂可得哉！此所谓不烧之烧，未怕秦灰，终归孔炬耳。"六经"之文，至矣尽矣，而又有至之者；浑沌磅礴，阔大精微，却是日常家用，《禹贡》《洪范》《月令》"七月流火"是也。当刻刻寻讨贯串，一刻离不得。张横渠

《西铭》一篇，[43]巍然接"六经"而作，呜呼休哉！雍正十三年五月二十四日，哥哥字。

焦山别峰庵复四弟墨（节选）

近作律诗四首，造意颇新，惟对仗少工，间有一二欠斟酌字，已为改正加批。我弟素抱樊迟[44]学稼之志，今何忽动贾岛[45]推敲之兴？殆[46]慕雅人之韵事欤，抑效法阿兄揣摩词章考据，以求功名乎？若为功名计，须研究制艺，当选读韩慕庐文四五十篇。苟[47]能背诵如流，则下笔作文思潮坌涌[48]，不患枯涩矣。我弟天资聪颖，苟堪下帷攻苦，三年目不窥园，则将来成就，定能出人头地。然而我弟素慕高士之风，视功名若敝屣，今又学诗不学文，绝无猎取功名之想，殆为遣怀寄兴之作耳。从此多作诗亦甚好，虽不能充饥御寒，却可稍博微名，涤除俗气。但须有志有恒，多读多作，方有成就。选读古诗须有精当之抉择，盖唐宋诗家各有所长，例如少陵诗，圣品也，东坡诗，神品也，太白诗，仙品也，摩诘诗，贵品也，退之诗，逸品也。此五人均足为后学楷模，宜各选绝、律、古风若干首，抄录汇订，置诸案头，得闲吟诵，裨益非浅。且焉作诗能解人愁怀，鼓人兴致，所以历来达官显宦，不得志于时，而退职闲居者，都以推敲作消遣。我弟素志高尚，不慕虚荣，若能诗笔超脱，不落时下窠臼[49]，凡引兴长、多雅趣等之敷泛语，扫除不用，庶乎近之。哥哥复。

范县署中寄舍弟墨第三书

禹会诸侯于涂山，执玉帛[50]者万国。至夏、殷之际，仅有三千，彼七千者竟何往矣？周武王大封同异姓，合前代诸侯，得千八百国，彼一千余国又何往矣？其时强侵弱，众暴寡，刀痕箭疮，熏眼破肋，奔窜死亡无地者，何可胜道。孔子作《春秋》，左丘明为传记故不传于世耳。世儒不知，谓春秋为极乱之世，复何道？而春秋以前，皆若浑浑噩噩[51]，荡荡平平，殊甚可笑也。乙太王[52]之贤圣，为狄所侵，必至弃国与之而后已。天子不能征，方伯[53]不能讨，则夏、殷之季世，其抢攘淆乱为何如，尚得谓之荡平安辑[54]哉！至于《春秋》一书，不过因赴告[55]之文，书之以定褒贬。左氏乃得依经作传。其时不赴告而背理坏道乱亡破灭者，十倍于《左传》而无所考。即如"汉阳诸姬，楚实尽之"，诸姬是若干国？楚是何年月日如何珍灭他？亦寻不出证据来，学者读《春秋》经传，以为极乱，而不知其所书,尚是十之一,千之百之也。

嗟乎!吾辈既不得志于时,困守于山椒海麓之间,翻阅遗编,发为长吟浩叹,或喜而歌,或悲而泣。诚知书中有书,书外有书,则心空明而理圆湛,岂复为古人所束缚,而略无张主乎!岂复为后世小儒所颠倒迷惑,而失古人真意乎!虽无帝王师相之权,而进退百王,屏当[56]千古,是亦足以豪而乐矣。

又如《春秋》,鲁国之史也。如使竖儒[57]为之,必自伯禽[58]起首,乃为全书,如何没头没脑,半路上从隐公说起?殊不知圣人只要明理范世,不必拘牵。其简册[59]可考者考之,不可考者置之。如隐公并不可考,便从桓、庄[60]起亦得。或曰:《春秋》起自隐公,重让[61]也;删《书》断自唐、虞,亦重让也。此与儿童之见无异。试问唐、虞以前天子,哪个是争来的?大率[62]删《书》断自唐、虞,唐、虞以前,荒远不可信也;《春秋》起自隐公,隐公以前,残缺不可考也,所谓史阙文[63]耳。总是读书要有特识,而特识又不外乎至情至理,依样葫芦,无有是处,歪扭乱窜。

人谓《史记》以吴太伯为世家第一,伯夷为列传第一,俱重让国。但《五帝本纪》以黄帝为第一,是戮蚩尤用兵之始,然则又重争乎?后先矛盾,不应至是。总之,竖儒之言,必不可听,学者自出眼孔、自竖脊骨读书可尔。乾隆九年六月十五日,哥哥字。

范县署中寄舍弟墨第四书

十月二十六日得家书,知新置田获秋稼五百斛[64],甚喜。而今而后[65],堪为农夫以末世矣[66]!要须制碓[67],制磨,制筛罗簸箕,制大小扫帚,制升斛。家中妇女,率诸婢妾,皆令习舂揄蹂簸[68]之事,便是一种靠田园长子孙气象。天寒冰冻时,穷亲戚朋友到门,先泡一大碗炒米送手中,佐以酱姜一小碟,最是暖老温贫之具。暇日咽碎米饼[69],煮糊涂粥[70],双手捧碗,缩颈而啜之,霜晨雪早,得此周身俱暖。嗟乎!吾其长为农夫以没世[71]乎!

我想天地间第一等人,只有农夫,而士为四民[72]之末。农夫上者种地百亩,其次七八十亩,其次五六十亩。皆苦其身,勤其力,耕种收获,以养天下之人。使天下无农夫,举世皆饿死矣。我辈读书人,入则孝,出则弟,[73]守先待后,得志泽加于民,不得志修身见于世,所以又高于农夫一等。今则不然,一捧书本,便想中举、中进士、作官,如何攫取[74]金钱、造大房屋、置多田产。起手便错走了路头,后来越做越坏,总没有个好结果。其不能发达者,乡里作恶,小头锐面[75],更不可当。夫束修自好者,岂无其人;经济[76]自期,抗怀千古者,亦所在多有。而好人为坏人所累,遂令我辈开不得口。一开口,人便笑曰:汝辈书生,总是会说,他日居官,便不如此说了。所以忍气吞声,只得捱人笑骂。工人制器利用,贾人搬有运无,皆有便民之处。而士独于民大不便,无怪乎居四民之末也!且求居四民之末而亦不可得也!

愚兄平生最重农夫,新招佃地人,必须待之以礼。彼称我为主人,我称彼为客户,主客原是对待之义,我何贵而彼何贱乎?要体貌他,要怜悯他;有所借贷,要周全他;不能偿还,要宽让他。尝笑唐人《七夕》诗,咏牛郎织女,皆作会别可怜之语,殊失命名本旨。织女,衣之源也,牵牛,食之本也,在天星为最贵。天顾重之,而人反不重乎!其务本[77]勤民,呈象昭昭可鉴矣。吾邑妇人,不能织绸织布,然而主中馈,习针线,犹不失为勤谨。近日颇有听鼓儿词,以斗叶[78]为戏者,风俗荡轶[79],亟宜戒之。

吾家业田虽有三百亩,总是典产[80],不可久恃。将来须买田二百亩,予兄弟二人,各得百亩足矣,亦古者一夫受田百亩[81]之义也。若再求多,便是占人产业,莫大罪过。天下无田无业者多矣,我独何人,贪求无厌,穷民将何所措手足乎?或曰:世上连阡越陌,数百顷有余者,子将奈何?应之曰:他自做他家事,我自做我家事,世道盛则一德遵王[82],风俗偷[83]则不同为恶,亦板桥之家法也。哥哥字。

范县署中寄舍弟墨第五书

作诗非难,命题为难。题高则诗高,题矮则诗矮,不可不慎也。少陵[84]诗高绝千古,自不必言,即其命题,已早据百尺楼上矣。通体不能悉举,且就一二言之:《哀王孙》,伤亡国也[85];《新婚别》《无家别》《垂老别》、前后《出塞》诸篇,悲戍役也[86];《兵车行》《丽人行》,乱之始也[87];《达行在所》[88]三首,庆中兴也;《北征》[89]《洗兵马》[90],喜复国望太平也。只一开卷,阅其题次,一种忧国忧民、忽悲忽喜之情,以及宗庙[91]丘墟、关山劳戍之苦,宛然在目。其题如此,其诗有不痛心入骨者乎!至于往来赠答,杯酒淋漓,皆一时豪杰,有本有用之人,故其诗信当时,传后世,而必不可废。

放翁[92]诗则又不然,诗最多[93],题最少,不过《山居》《村居》《春日》《秋日》《即事》《遣兴》而已。岂放翁为诗与少陵有二道哉？盖安史之变，天下土崩，郭子仪、李光弼、陈元礼[94]、王思礼之流，精忠勇略，冠绝一时，卒复唐之社稷。在《八哀》诗[95]中，既略叙其人；而《洗兵马》一篇，又复总其全数而赞叹之，少陵非苟作也。南宋时，君父幽囚，栖身杭越，其辱与危亦至矣。讲理学者，推极[96]于毫厘分寸，而卒无救时济变之才；在朝诸大臣，皆流连诗酒，沉溺湖山，不顾国之大计。是尚得为有人乎！是尚可辱吾诗歌而劳吾赠答乎！直以《山居》《村居》《夏日》《秋日》，了却诗债而已。且国将亡，必多忌，躬行桀、纣，必曰驾尧、舜而轶汤武。宋自绍兴[97]以来，主和议，增岁币，送尊号，处卑朝，括民膏，戮大将，无恶不作，无陋不为。百姓莫敢言喘，放翁恶得形诸篇翰以自取戾乎！故杜诗之有人，诚有人也；陆诗之无人，诚无人也。杜之历陈时事，寓谏诤[98]也；陆之绝口不言，免罗织也。虽以放翁诗题与少陵并列，奚[99]不可也！

近世诗家题目，非赏花即宴集，非喜晤即赠行，满纸人名，某轩某园，某亭某斋，某楼某岩，某村某墅，皆市井流俗不堪之子，今日才立别号，明日便上诗笺。其题如此，其诗可知，其诗如此，其人品又可知，吾弟欲入事于此，可以终岁不作，不可以一字苟吟。慎题目，所以端人品、厉风教也。若一时无好题目，则论往古，告来今，乐府旧题，尽有做不尽处，盍[100]为之。哥哥字。

潍县署中寄舍弟墨第一书

读书止以过目成诵为能，最是不济事。眼中了了，心下匆匆，方寸无多，往来应接不暇，如看场中美色[101]，一眼即过，与我何与也。千古过目成诵，孰有如孔子者乎？读《易》至韦编三绝[102]，不知翻阅过几千百遍来，微言精义，愈探愈出，愈研愈入，愈往而不知其所穷[103]。虽生知安行之圣，不废困勉下学之功也。[104]东坡读书不用两遍，然其在翰林院读《阿房宫赋》至四鼓[105]，老吏苦之，坡洒然不倦。岂以一过即记，遂了其事乎！惟虞世南[106]、张睢阳[107]、张方平[108]，平生书不再读，迄无佳文。且过辄成诵，又有无所不诵之陋。即如《史记》百三十篇中，以《项羽本纪》为最，而《项羽本纪》中，又以钜鹿之战[109]、鸿门之宴[110]、垓下[111]之会[112]为最。反覆诵观，可欣可泣，在此数段耳。若一部《史记》，篇篇都读，字字都记，岂非没分晓的钝汉！更有小说家言[113]、各种传奇[114]恶曲，及打油诗词[115]，亦复寓目不忘，如破烂厨柜，臭油坏酱悉贮其中，其龌龊亦耐不得。

潍县寄舍弟墨第三书(节选)

富贵人家延[116]师傅教子弟,至勤至切,而立学有成者,多出于附从[117]贫贱之家,而己之子弟不与焉。不数年间,变富贵为贫贱,有寄人门下者,有饿莩[118]乞丐者。或仅守厥家,不失温饱,而目不识丁。或百中之一,亦有发达者,其为文章,必不能沉着痛快,刻骨镂心,为世所传诵。岂非富贵足以愚人,而贫贱足以立志而潜[119]慧乎!我虽微官,吾儿便是富贵子弟,其成其败,吾已置之不论;但得附从佳子弟有成,亦吾所大愿也。

至于延师傅,待同学,不可不慎。吾儿六岁,年最小,其同学长者当称为某先生,次亦称为某兄,不得直呼其名。纸笔墨砚,吾家所有,宜不时散给诸众同学。每见贫家之子,寡妇之儿,求十数钱,买川连纸[120]钉仿字簿帖,而十日不得者,当察其故而无意中与之。至阴雨不能即归,辄留饭;薄暮,以旧鞋与穿而去。彼父母之爱子,虽无佳好衣服,必制新鞋袜来上学堂,一遭泥泞,复制为难矣。

夫择师为难,敬师为要。择师不得不审,既择定矣,便当尊之敬之,何得复寻其短?吾人一涉宦途,即不能自课其子弟。其所延师,不过一方之秀,未必海内名流。或暗笑其非,或明指其误,为师者既不自安,而教法不能尽心;子弟复持藐忽心而不力于学,此最是受病处。不知就师之所长,且训吾子弟之不逮[121]。如必不可从,少待来年,更请他师;而年内之礼节尊崇,必不可废。

潍县寄舍弟墨第四书(节选)

凡人读书,原拿不定发达。然即不发达,要不可以不读书,主意便拿定也。科名不来,学问在我。原不是折本的买卖。愚兄而今已发达矣,人亦共称愚兄为善读书矣,究竟自问胸中担得同几卷书来?不过挪移借贷,改窜添补,[122]便尔钓名欺世。人有负于书耳,书亦何负于人哉!昔有人问沈近思侍郎[123],如何是救贫的良法?沈曰:读书。其人以为迂阔,其实不迂阔也。东投西窜,费时失业,徒丧其品,而卒归于无济,何如优游书史中,不求获而得力在眉睫间乎!信此言,则富贵;不信,则贫贱,亦在人之有识与有决并有忍耳。

潍县署中寄四弟墨(节选)

用人之难,家与国二而一者也。朝廷设官,冀[124]得廉吏以佐治;家庭用人,冀得义仆以卫身。无如[125]受雇于人者,都属乡愚无知,语以忠义,不知为何物。

夫[126]士大夫知书明道,而清正廉明者,尚不多见,何怪臧获之鼠窃狗偷,不识廉耻也?

来书言吾儿体质虚弱,读书不耐劳苦,功课稍严,则饮食减少;过宽,犹恐荒废学业。则补救之法,唯有养生[127]与力学[128]并行,庶几[129]身躯可保强健,学问可期长进也。养生之道有五:一、黎明即起,吃白粥一碗,不用粥菜;二、饭后散步,以千步为率[130];三、默坐有定时,每日于散学后静坐片刻;四、遇事勿恼怒;五、睡后勿想法。力学之道亦有五:一、每日读熟书十页,宜熟读背诵;二、每日宜读生书五页,质钝者减半;三、每晨习大字一百,午后习小楷二百;四、每日记日记一页,宜有恒心;五、刚日[131]讲经,柔日[132]讲史,须随时摘录心得。以上养生五事,终身行之,力学五事,乃本年之功课。我弟前函云,犹子[133]悟性已开,来春可以握管[134]作文,则来年[135]课程似须更改。余少年时代不知养生,而今悔之已晚,渴望后辈力行之,则学优而身强,便是振兴之象。望我弟以此教诲子侄,持之有恒,获益良多也。哥哥字。①

注释

[1] 臧获:汉代扬雄《方言》中记载,东南一些地方称男奴隶为"臧",称女奴隶为"获"。婢妾:女奴。

[2] 舆台皂隶:皆为社会最低层、地位最低下的小官吏。

[3] 失路名家:家道中落的贵族后裔或潦倒落魄的名门子弟。

[4] 辄:表示多次重复,总是,往往。

[5] 彼:别人,对方。

[6] 庸:难道,岂。

[7] 循环倚伏:语出《老子》"福兮祸所伏,祸兮福所倚",即祸福相生相倚之意。

[8] 书簏(lù):藏书用的竹箱子。

[9] 愧恧(nǜ):惭愧。

[10] 书券:书写契约。

[11] 借:凭借,倚仗。

[12] 试看:试着看看,且看。

[13] 仪真:今江苏省仪征市。

---

① 童小畅.郑板桥家书[M].北京:中国书籍出版社,2004:27-28,34-35,41-42,54-55,80-81,86-87,93-94,114,129-130,134,156,189.

[14] 吴、楚：春秋时期，南方的吴国建都在姑苏，据有今江苏、浙江等地；楚国据有今湖南、湖北、江苏、河南等地，后代则以吴、楚泛指南方。

[15] 龙凤茶：宋朝时，宰相丁谓为邀宠而进贡极品茶，制成饼状，饰以龙纹者曰"龙团"，饰以凤纹者曰"凤团"。后来蔡襄帅福建，进"小龙团"与"小凤团"。郑板桥在此以龙凤代好茶。

[16] 《落梅花》：曲名，亦称《梅花落》。

[17] 王逸少：晋代大书法家王羲之，字逸少。虞世南：唐代大书法家，擅长楷书。

[18] 李白：唐代大诗人，有"诗仙"之称。

[19] 王维：唐代大诗人，字摩诘，官至尚书右丞，故称"贵品"。

[20] 杜牧：与李商隐合称"小李杜"，诗风潇洒俊逸，故称"隽品"。

[21] 造：拜访。

[22] 缙：王维之弟王缙，王维在安史之乱期间曾经接受伪官职，王缙削己以代罪。

[23] 荀鹤：晚唐诗人杜荀鹤。

[24] 太白长流夜郎：唐朝安史之乱以后，李白曾经在永王李璘的手下做过幕僚。永王起兵叛乱失败以后，李白也受到了牵连，被流放到夜郎（今贵州一带）。

[25] 过扬州：见于李阳冰所作的《草堂集序》。

[26] 匝月：满一个月。

[27] 病：不幸。

[28] 董思白：明代著名的书法家、画家董其昌，字思白。

[29] 韩慕庐：韩炎，字元少，号慕庐，官至礼部尚书。

[30] 制艺：八股文。

[31] 妍妙：美好，美妙。

[32] 百川：方舟，清代桐城人，号百川，桐城派创始人之一，死时仅三十七岁。灵皋：方苞，号灵皋，桐城派古文领袖。

[33] 韩非：战国时期韩国人，法家学派的代表人物和集大成者。商鞅：春秋时期卫国人，帮助秦孝公变法，使秦国的国力一跃成为诸国之首。晁错：汉代名臣，曾上书请废王国，后来七国之乱起，他被诛杀。

[34] 褚河南：褚遂良，唐朝著名书法家，也是初唐著名的文学家。欧阳率更：欧阳询，唐朝著名的书法家，初唐著名的文学家，曾任太子率更，故称"欧阳率更"。

[35] 郊寒岛瘦：中唐诗人孟郊、贾岛，作诗风格清冷瘦硬，故合称"郊寒岛瘦"。长吉鬼语：中唐诗人李贺，字长吉，风格奇诡冷艳，有"诗鬼"之称。

[36] 断自唐、虞：孔子编订《尚书》，其首篇即为《尧典》《舜典》，在此之前的文

献全部都没有保留,所以说是"断自唐、虞"。

［37］《诗》三千篇:据司马迁《史记》记载,《诗》原来有三千首,经孔子编定后仅存三百十一首。

［38］遗经复出:汉朝初年,社会稳定,经过秦末战火的儒生出来讲学,他们口传古经,称"今文派"。同时又在山东等地发现了用上古文字书写成的经书,学者称之为"古文经"。

［39］汲汲:急切追求的样子。

［40］贾、董策略:汉朝贾谊和董仲舒都是名噪一时的大学者,他们的文章被后世所传诵,其中最著名的就是策论文章。所以"贾、董策略",就是讲他们两人在策论文章上面的成就。

［41］《二十一史》:我国历史上流传的二十一部正史,包括自《史记》而起的"十七史"和后来编修的宋、辽、金、元四史。

［42］魏收秽书:北齐人魏收奉命编《魏书》,他趁此机会过分褒扬自己的亲戚和朋友,同时恶意地攻击与自己不和睦的人,他的这种做法违背了史书编修的基本原则,因此在历史上被称为"秽书"。

［43］张横渠:北宋哲学家张载,陕西横渠人,世称"横渠先生"。《西铭》:张载论学篇名。

［44］樊迟:春秋时鲁国人,此处代指农事。

［45］贾岛:唐朝有名的诗人,此处代指学习写诗。

［46］殆:表推测,相当于"大概"。

［47］苟:如果,假使。

［48］坌涌:涌出,涌现。

［49］窠臼:文章所依据的老套子,陈旧的格调。

［50］玉帛:玉石和丝绸,是春秋战国时期诸侯会盟互相赠送的礼物。

［51］浑浑噩噩:在这里是指民风朴实。

［52］太王:周王朝的祖先,在武王建立周朝之后追封的。

［53］方伯:一个地区诸侯中的领袖。

［54］辑:和睦。

［55］赴告:诸侯之间互相传达或"悲"或"喜"的文件。

［56］屏当:收拾,整理。

［57］竖儒:对儒生的鄙称。

［58］伯禽:鲁国的第一位国君。

[59] 简册：古代用木片或木简写的书籍。

[60] 桓、庄：继隐公之后鲁国的两位国君。

[61] 让：让出国君的位子。

[62] 大率：大抵，大概。

[63] 史阙文：史书上阙而不书或已脱漏的文字。

[64] 斛：量器，十升为一斗，十斗为一斛。

[65] 而今而后：从今以后。

[66] 堪为农夫以末世矣：见汉杨恽《报孙会宗书》："窃自私念，过已大矣，长为农夫以末世矣。"

[67] 碓（duì）：木石做成的捣米器具。

[68] 舂揄踩簸：语出《诗经·大雅·生民》："或舂或揄，或踩或簸。"

[69] 碎米饼：用碎米粒混合粗粉而制成的饼。

[70] 糊涂粥：煮粥时多加米粉或者麦粉，使粥稠浓，称为"糊涂粥"。

[71] 没世：一辈子，永久。

[72] 四民：古代分人民为四类，士（读书人）、农（农民）、工（手工业者）、商（商人）。在中国传统中一般都以士为第一等，农、工其次，而以商人为地位最低者。郑板桥在这里说以士为四民之末，实际上是表达他对当时知识分子堕落的不满。

[73] 入则孝，出则弟：语出《论语·学而》："弟子入则孝，出则弟。"弟：通"悌"，敬重长上。

[74] 攫（jué）取：掠夺。

[75] 小头锐面：小人到处钻营。

[76] 经济：读书人经世济用、治理国家的理想。

[77] 务本：语出《史记·文帝记》："农，天下之本，务莫大焉。"

[78] 斗叶：玩纸牌。叶：叶子，一种牌纸。

[79] 荡轶：荡佚，放纵，不受约束。

[80] 典产：别人赞押以田产，随时可以被取赎。典：旧时一种以实物抵押的借贷方式。

[81] 一夫受田百亩：语出《唐书·食货志》："古者百亩田号一夫，盖一夫授田不得过百亩。"

[82] 遵王：遵守政令，语出《尚书·洪范》："无有作好，遵王之道；无有作恶，遵王之路。"

[83] 偷：衰败。

[84] 少陵:唐朝诗人杜甫,字子美,自号少陵野老,人称"诗圣"。

[85] 伤亡国也:安史之乱起,长安被叛军攻陷,杜甫被判充军至长安,其间所写的诗歌,反映了唐王朝动乱的一面。

[86] 悲戍役也:所列杜诗,均是反映人民在安史之乱中所遭受的苦难,以及被迫戍边的悲哀。

[87] 乱之始也:《兵车行》讽刺唐玄宗穷兵黩武给人民带来的痛苦;《丽人行》讽刺杨国忠、杨贵妃兄妹的骄奢浮逸。穷兵黩武与权奸当道都直接或间接地引起了安史之乱,故曰"乱之始"。

[88]《达行在所》:杜甫逃离长安,奔凤翔,被授官左拾遗,其欣喜与希望流露在《达行在所》三首。行在所:皇帝临时居处,此指唐肃宗李亨所在地凤翔。

[89]《北征》:杜甫从凤翔至鄜州探望家人时,所写此行的见闻感想。

[90]《洗兵马》:郭子仪、李光弼打败安史叛军,收复长安、洛阳,唐王朝有了复兴的转机,诗中表达了诗人强烈的兴奋之情。

[91] 宗庙:皇室宗庙,代指国家。

[92] 放翁:南宋诗人陆游,字务观,号放翁。

[93] 诗最多:陆游的《剑南诗稿》八十五卷,收诗九千二百余首。

[94] 陈元礼:陈玄礼,因避康熙玄烨名讳而改。

[95]《八哀》诗:杜甫写诗分别哀悼王思礼、李光弼、严武、李琎、李邕、苏源明、郑虔、张九龄八人,合称《八哀》诗。

[96] 推极:言理学家琐细地研究性理之学到了极点。

[97] 绍兴:南宋高宗赵构年号。

[98] 谏诤:直爽地说出人的过错,劝人改正。

[99] 奚:怎么,为什么。

[100] 盍:何不,为什么不。

[101] 场中美色:戏台上的美女。

[102] 韦编三绝:语出《史记·孔子世家》:"(孔子)读《易》,至韦编三绝。"韦:熟牛皮。编:古代用来串连竹、木简的绳子,多用牛皮制成。

[103] 愈往而不知其所穷:《史记·孔子世家》记孔子晚年学《易》受益匪浅,但感叹自己年事已高,说:"假我数年,若是我于《易》则彬彬矣。"

[104] 虽生知安行之圣,不废困勉下学之功也:语出《中庸》:"或生而知之,或学而知之,或困而知之,及其知之,一也;或安而行之,或利而行之,或勉强而行之,及其成功,一也。"朱熹《四书集注》"生知安行者,知也""困知勉行者,勇也"。下

学:向不如自己者学习。

[105] 四鼓:古代夜间击鼓以报时,一鼓即一更,四鼓即四更。

[106] 虞世南:《新唐书·虞世南传》载,唐太宗要书法家虞世南书写《列女传》于屏风,虞世南默写而一字无讹。

[107] 张睢(suī)阳:唐代名将张巡,在"安史之乱"的时候,被叛军围困在城中,率领全城百姓和兵将拼死抵抗,后城破被擒,因不愿向叛军屈服,最终惨遭杀害。《新唐书·张巡传》载,张巡"读书不过三复,终身不忘"。

[108] 张方平:北宋人,字安道,博闻强记(见《宋史·张方平传》)。

[109] 钜鹿之战:秦军将令率兵围赵军于巨鹿(今河北省平乡县),项羽率军解围,一举消灭秦军主力军队。

[110] 鸿门之宴:项羽在与刘邦争夺帝位的时候,项羽在鸿门设宴,准备诱杀刘邦,后被刘邦识破,并且巧妙逃脱。

[111] 垓下:今安徽省灵璧县东南,公元前202年,项羽被刘邦围困于此,脱围后至乌江自刎。

[112] 会:会战。

[113] 小说家言:野史文章,也指那些胡乱编写不足为信的文章。

[114] 传奇:明代戏剧。

[115] 打油诗词:顺口粗俗的诗作。

[116] 延:邀请。

[117] 附从:旧时富贵人家聘请塾师单独教自己子弟,有的也允许邻近的贫家子前来附从随读,郑板桥聘师就是这样。

[118] 饿莩(piǎo):也作"饿殍",饿死的人。

[119] 濬(jùn):通"浚",深。

[120] 川连纸:产于四川的练习写毛笔字的纸。

[121] 不逮:不足之处,过错。

[122] 不过挪移借贷,改窜添补:言写文章并非凭自己的学问,只是借用别人意思,略做更改添补而已。

[123] 沈近思侍郎:沈近思,字位山,浙江钱塘人,康熙年间中进士,年少家贫,曾在灵隐寺为僧,后苦读上进,终于获得成功。

[124] 冀:希望。

[125] 无如:无奈。

[126] 夫:发语词。

[127] 养生:保养身体。
[128] 力学:努力学习。
[129] 庶几:连词,表示在上述情况下才能避免某种后果,或实现某种希望。
[130] 率:标准。
[131] 刚日:单日。
[132] 柔日:双日。
[133] 犹子:兄弟之子。
[134] 握管:执笔,谓书写或作文。
[135] 来年:明年。

解 读

郑板桥深受儒、释、道三家的影响,《郑板桥家书》中所表现出来的思想是18世纪中国士大夫群体的精神写照。

郑板桥家书多写于范县和潍县任上,以写给郑墨信最多,达现存家书的三分之二以上。从中可看出郑板桥的胸怀抱负、情操气节:为政时关心民生、勤勉从政;治学上心无旁骛、面壁而居;不喜结交官府、不愿与俗士为伍,而喜与骚人、野衲手持狗肉作醉乡游。特别厌恶为富不仁的盐商,从不为之题字作画。

郑板桥家书的主要内容是教子的。在他五十二岁时,老年得子,自然十分珍爱。郑板桥首先肯定爱子心切恰是自己的本意,但如何爱子有四点做了交代:第一,要注意子女自幼待人忠厚、和善,即使是对小动物也一样,不可有残忍之心;第二,不要溺爱自己的孩子,即使是叔叔对自己的爱侄;第三,待人平等,要让孩子和其他人享受一样的权利,即使是自己佣人的子女;第四,成才不以中举人、中进士、做官为第一要务,本质要做个好人。这些看似都属于生活细节,也没有豪言壮语,听来亲切自然,但却能折射出郑板桥为人正直忠厚、与人为善、平等待人的品格,并以此传递给自己的下一代。

郑板桥有着十分难得的平民理念,他推己及人,丝毫没有凭借自己的权力谋取私利,处事公正,帮理不帮亲,设身处地从"明理做个好人"这样基本的人生观和价值观出发,批评趋之若鹜的读书做官世俗理想,从家庭教育的细节中展现其超越时代的情怀。郑板桥对于尊师重道的谆谆教诲,对青少年要重视养生之道的告诫,关于读书学习的方法步骤和为人处世的诀窍,至今仍有重要的教育意义。

(编注:肖 乐　校对:金 铭)

弟子箴言(节选)

〔清〕胡达源

作者简介

胡达源(1777—1841),字清甫,号云阁,湖南益阳人,清中兴名臣胡林翼的父亲。嘉庆二十四年(1819)进士及第后,授翰林院编修。著有《闻妙香轩古文集》《弟子箴言》《胡达源集》等书。

导读

道光八年(1828),胡达源以国子监司业,出任贵州学政,由于士子只知道进取举学,无留心理学的,于是他著《弟子箴言》来教育士子们。

《弟子箴言》全书共分为《奋志气》《勤学问》《正身心》《慎言语》《笃伦纪》《睦族邻》《亲君子》《远小人》《明礼教》《辨义利》《崇谦让》《尚节俭》《儆骄惰》《戒奢侈》《扩才识》《裕经济》十六卷,每一卷又包含若干条目,共收录告诫弟子的箴言七百六十二条。此书最重要的特色是言事相间,每卷前半部分辑录历代经典及诸子百家名言进行论说,间以作者个人的人生感悟,后半部分则佐以历代名人事例验证补充其说。全书有理有据,说理透彻,其中不乏有见地的思想。

原文

奋志气第一

孟子养气之说，发前圣所未发。浩然之气，至大而无限量，至刚不可屈挠。盖天地之正气，而人得以生者也。惟能直养无害，则合乎道义以为之助，而其行之勇，决无所疑惧矣。人皆有是气，亦贵夫养之而已。吾谓学圣人者，当自此始。

"平旦[1]之气"，良心自存，当保养于萌蘖[2]发生之际。赤子之心，大人不失，惟扩充其纯一无伪之天。一则完其固有，一则救其梏亡[3]，大人固足尚矣。若已至于梏亡，则惟于夜气[4]清明之时，实用其操存之力，岂此几希[5]者，遂不可以复哉！

圣人固百世之师也，乃其兴起者，即圣人之徒也。有兴起之志气，即有兴起之学问。果毅[6]奋发，孜孜不已，何患[7]不到圣贤地步。

学者立志，必要做第一等事，必要做第一等人。程子[8]曰："言学便以道为志，言人便以圣为志。"

修曰自修，强曰自强，是立心[9]寻向上去。暴曰自暴，弃曰自弃，是甘心堕落下来，全在自己主张，总要学君子上达[10]。

人无百年不衰之筋骸，而有百年不衰之志气。血气用事，嗜欲梏亡，则筋力易衰；志气清明，义理充裕，则精神自固。故曰：不学便老而衰，恐嗜欲之梏亡也。

物闲则蠹[11]，人闲则废，此身在家庭，伦纪[12]之事系焉。此身在天下，民物之事系焉。为闲人者，即废人也，此心安乎？

贞固足以干事[13]，具有全副精神。精神生于志气，志气奋乎道义。

德之慧，术之智，皆从疢疾[14]中奋发振起出来。故经锻炼者为精金，经磨砺者为良士。

父生之，师教之，君成之，可以对君父师友而无惭愧之心，其识趣何如[15]？其建树何如？

君子所贵，世俗所羞；世俗所贵，君子所贱。吾志乎君子所贵焉而已。

见患难而避，遇得失而动者，其志气先自靡[16]也。君子知命守义，不为害怵，不为利昏。

脚根站定,如磐石砥柱,不可动摇;眼界放开,如黄鹄高举[17],见天地方圆。

为一乡不可少之人,非必才高一乡也;为天下不可少之人,非必才高天下也。有果锐之气,以运其才,才无不用处,即才无不到处。

志如大将,气如三军。大将指挥,三军雷动,未有志奋而力不足者。

浮躁者,不可以穷理,无沉毅之气以入之也。委靡者,不可以任事,无奋发之气以出之也。

悠久,天地之所以成物也。春夏秋冬,四时之运行以渐[18]。恒久,君子之所以成业也。藏修游息[19],一心之贞固有常。

有果志者,怠志不足以乘之;有定志者,歧[20]志不足以摇之;有真气者,客气不足以动之;有正气者,邪气不足以犯之。要其纯实坚确,浩乎沛然,不外集义工夫,非可以袭取也。

体懈神昏,未可以更新矣;志轻气浮,未可以图成矣。君子自爱自重,有振作,断无因循[21],希圣希贤,愈奋发,亦愈坚忍。

人不尽死于安乐,而安乐之可死者多矣。人不尽生于忧患,而忧患之可生者多矣。古今大圣大贤,困穷拂郁[22],耐人之所不能耐,忍人之所不能忍,及[23]其担当大任,即在此中磨砺出来,其困也天默相之,其顺也天玉成之。不因境而挫者,未有不因境而成者也,人岂限于境哉?

读经史,足以增长志气;亲师友,足以激厉志气;周览名山大川,足以开拓志气;趋跄[24]清庙明堂,足以整齐志气。有感而兴起,其偶也,天君自主持,其常也。

勤学问第二

义理本自无穷,见识渐加开扩。假如今日观书,卤莽[25]解去,似无可疑。至明日细心看来,觉得昨日说的不是,因而更加推勘,又有可疑。如此往复寻绎[26],而其疑释矣,而其学进矣。

患在躐等[27],而急于步趋,究之前后两不相及。则循序渐进之法,不可不遵也。

义味之通贯,须融洽于心。则熟读精思之法,不可不遵也。

工夫只要一个"熟"字。经籍纷纭,名言至论,须令胸中烂熟,则心与理一矣。不时[28]展览则眼生,不时诵读则口生,不时思索则心生。愈隔阂愈难理会[29],安有怡然理顺、涣然冰释[30]之时?

由经史穷理,可得性道[31]之精;以经史论治,可知经济[32]之大。

吾谓古今之事万变,古今之人万殊[33],其所以定于一者,理而已矣。有道理,斯有法程;有轨度,斯有辙迹。故必读古人之书,乃能合古人之辙。

弟子学问,须是收敛此心,紧束此身。运精进之力,加奋迅之功。勤勤恳恳,寻向上去。具此一副果力精心,断无难做底事。惟有"懒散"二字,委顿不前,神昏气弱,百事无成,此学者之大戒也。

性分之所固有,职分之所当为。知得一分,只还得一分;行得一件,只还得一件。知行并进,无可驻时。稍有满假[34]之处,便是退心,再无长进。故自勉自责者,歉然不足,如此,便有进机。

正身心第三

身者,家国天下之本也。完得此身分量,只靠着一"修"字。心者,身之所主也。全得此心本体,只靠着一"正"字。心正则身正,身正则家国天下无不正矣。

孟子特指出心之四端,为学者导引其绪。特揭出"扩充"二字,为学者开示其功。苟能充之,足以保四海;苟不充之,不足以事父母。关系如此,令人神悚。

掩其不善,而著其善,谓且欺谩[35]得过去。不料视己者,如见其肺肝然,直如冷水浇背,热油灌顶,更从何处躲闪。

异端虚无寂灭,能令此心清净,究竟空渺而无实用,便是块然。

学者之心,须令湛然虚明,随感而应,得其正耳。故忿懥[36]恐惧好乐忧患,即此四者之发,见得存养,见得省察。

如鉴之空,好丑无所遁其形;如衡之平,轻重不能违其则。有此虚明[37]之心,为一身之主,则五官百骸,莫不听命。而动静语默,无不中礼。此身心相关之道也。

心若不存,一身便无主宰。"视而不见,听而不闻,食而不知其味。[38]"确有此仿佛[39]光景。朱注补出,敬以直之。是正心要法,最宜深省。

敬者,千古学圣之宗旨也。敬则内无妄思,常提醒此心,凝一虚明,虽百邪纷扰,自有主而不淆,则心无不正矣。敬则外无妄动,常检摄[40]此身,整齐严肃,虽万感沓来,自有主而不乱,则身无不正矣。故"敬"字是彻上彻下工夫。

一语一默,一坐一行,事无大小,皆不可苟,处之必尽其道。程子作字甚敬[41],曰:"只此是学。"盖事有大小,理无大小。大事谨而小事不谨,则天理即有欠缺间断。故作字必敬者,所以存天理也。

身心若要勤紧收拾,须将"整、齐、严、肃"四字时悬于心目之间。

学者以九容[42]范其身,则身在规矩中矣;以九思[43]范其心,则心在规矩中矣。此持敬之要法也。朱子[44]曰:"九容九思,便是涵养。"

虽[45]至鄙至陋处,皆当存谨畏之心,而不可忽。工夫愈精密,身心愈谨严。

矫轻警惰,轻则浮躁,惰则弛慢。轻者必惰,惰者必轻,二者常相因也。惟一"敬"字可以矫之警之。

心之光明,不欺于屋漏;事之正大,不愧于妻子。非主敬存诚,不能有此精密。如此,乃可谓真实工夫。

诚者,天理之本然,真实无妄[46]者也。既无虚假,又无间断,故可以尽其性,可以尽人物之性,可以赞天地之化育[47]。推其极,大莫能名;要其本,只是不虚假,不间断。郑氏曰:"大人无诚,万物不生;小人无诚,则事不成。"是故君子诚之为贵。

诚之者,择善而固执之者也。择执之中,有学知利行一等。又有百倍其功者,则困可以知,勉可以行,诚固非夐[48]绝不可及之境也。诚身有道,岂限于困勉哉?

水澄清可以鉴毫发,镜虚澈[49]可以数须眉,静而已矣。心常交感万物,而有主则静焉。其理定而不淆,其气清而不杂,其处事接物,言动威仪,适中其节而止于符。

朱子教人半日静坐,半日读书。如此三年,无不进者。静坐之法,唤醒此心,卓然常明,志无所适而已。初入静者,不知摄持[50]之法,惟体贴圣贤切要之言,常自警策[51],勿令懒散。饭后必徐行百馀步,不可多食酒肉,致令昏浊。卧不得解衣,欲睡则卧,乍醒则起。静坐至七日,则精神充溢矣。久之无少间断,妙用无穷。

静亦非徒[52]寂守而已,即有时临事匆忙,应接不暇,而其神闲识定,条理秩然,此是何等静镇!语云:"石破天惊,神色不变。"盖从涵养得来。

浮躁浅率,褊窄迫促,德不足,才亦不足。凝重宽厚,广大从容,德有馀,福亦有馀。

克己者,自全其心,而无疚于内,故能仰不愧天,俯不怍人。正己者,自尽其道,而无求于人,故能上不怨天,下不尤人。

暗室屋漏之隐,凝一而不杂以私,况其显者乎?夫妇居室之近,整齐而不参以妄,况其远者乎?

学者更须去得一个"争"字。心平气和,可以辨古今之理,可以论天下之事。盖事理非一人之私,不可有人之见,亦不可有我之见。虚怀公论,方于事理有济。

更须去得一个"偏"字。性情之偏,见于好恶;好恶之偏,见于措施;措施之偏,害于家国。化其执拗之私,适于平正之道,此中煞有工夫。

更须去得一个"忌"字。人才关系最大,其心好之,实能容之,造福无穷矣。媢嫉恶之,实不能容,害可胜言哉?"忌"字病痛甚多,不独人才为然。类而推之,凡在人者,皆作在我者观,可以无忌矣。

更须去得一个"伪"字。立心制行,处己接物,近在家庭乡党,远在朝廷绝域,皆当真实无妄,不假安排布置。在己则无愧于心,在人则深信于我。推而行之,无不利也。若有一毫伪念,人便看破,事便难行。断不可掩饰弥缝,"作伪心劳日拙[53]",尚其儆之。

更须去得一个"难"字。自古有担当的人,学问事功,皆无畏难苟安之见,故能有志竟成。倘曰苟如是,是亦足矣。将进是,不亦难乎?明知可为,靡焉退缩,此等人断无长进。"懦夫有立志",愿起而振之。

波靡[54]之中,难言品行;势利之内,岂有圣贤?习俗之移人也,可畏矣哉!惟能于千万庸众之中,克自振拔,不至陷溺,俨如鹤立鸡群,斯为君子。

一念[55]善恶,天人之分也。持之斯须,则已登于道岸;失之斯须,则且坠于深渊。持守之幾[56]甚暂,得失之界甚危,尚其慎此一念哉!

事有益于身心者,则奋迅以行之;物有害于身心者,则果决以绝之。何也?吾身心苟受其益,虽黾勉[57]赴之,犹恐不及;苟受其害,虽探汤视之,犹恐不严。一念因循,百端丛脞[58],须有斩钉截铁手段。

进退出处,超然无累,此等境界,须是本源清学守定。

慎言语第四

仲弓[59]居敬行简[60],简以御天下之烦,而况于言乎?言简而当,而取于佞乎？佞者，一事无不尽之言；简者，一言无不尽之理。

审确而和缓者，言之有伦也，而心有以主之；轻浮而躁急者，言之不慎也，而心先已淆之。程子曰："心定者，其言重以舒；不定者，其言轻以疾。"

一言而造无穷之福，一言而去无穷之害，在朝廷可也，在乡党[61]亦可也；一言而断天下之疑，一言而定天下之业，在治功可也，在学术亦可也。"太上立德，其次立功，其次立言[62]"。立言所以补功德之不足也。

人有恻隐之心，我以言成之；人有暴戾之心，我以言化之。此长善救恶于未然者也。既有恻隐之事，我以言充之；既有暴戾之事，我以言解之。此长善救恶于已然[63]者也。呜呼！感人以言，虽属浅事，而苦口婆心，总期同归于善，其所济岂浅鲜[64]哉！

闻人之善而疑，闻人之恶而信，非君子之心也。疑人之善，而附会以败之，信人之恶，而指引以证之，则小人之尤也。善即可疑，群焉推许。为善者益奋，而善人多矣。恶即可信，代为掩覆，为恶者自惭，而恶人寡矣。子曰："乐道人之善，无攻人之恶。"皆当铭诸座右。

一言而坏风俗，一言而损名节，一言而发人阴私[65]，一言而启人仇怨，其害甚大，其祸甚速，断断不可言也。或人有可疵，尽言以翘[66]其过；人有可责，微言以谏其非，其意未尝不善。要必深知其人之能受其言，而吾言之实有所济乃可耳。不然，吾愿"三复白圭[67]"不置矣。

与清者称伯夷可也，与贪者言，则涉于讥矣。与和者称柳下可也，与鄙者言，则疑于诮矣。吾即以无心出之，人未必不有心听之。人若以有心责之，吾岂能以无心谢之乎？

喜谈闺阃[68]，此天下之大恶也。无稽之语，得自传闻，自我播之，甚于枉杀；自我止之，胜于理冤。吕新吾[69]先生曰："只管你家门户，休说别个女妻。第一伤天害理，好讲闺门是非。"

口中雌黄，有出于轻躁者，有出于险刻[70]者。未闻齿牙之奖厉，徒惊舌剑之锋芒。辱人颜面，既不能堪，恨入心怀，必将思逞。此等罪过，较之谈人闺阃，其轻重不相远矣。

唇齿之伤，甚于猛兽之害；刀笔之烈，惨于酷吏之刑。一言耳，辱其身，并辱其祖父，并辱其子孙。伤惨之情，积憾数世。在人心固所必报，即天理亦所不容。出尔反尔，岂不大可惧哉？

侈口[71]曰无人才，此妄言也。人各有才，才不必奇，能修其业，能举其职，即才也；才不必全，矜其所短，用其所长，即才也。且高才硕德，或深自韬晦，阻于见闻，以管窥天，而曰天尽是乎？惟即侪伍之中，奖其清俊之彦，培植得一人，即成就得一人。乐育之心，陶镕[72]不倦。好善之士，鼓舞奋兴。何地非才，生之在天，成之在我。岂敢以鄙夷之言，轻量天下士乎？

狃[73]偏见以论古今之理，挟小智以谈天下之事，见于此不见于彼，知其一不知其二，揆[74]诸事理，有断断不可通者。且嚣然自是，坚其执拗之私，逞其刚愎之论，是谓狂言。其言不用，而是非既谬，已为心术之忧；其言若用，则措置[75]失宜，便为天下之害。

语言正大，消得人多少邪心；语言恺恻[76]，长得人多少善念；语言浑厚，养得人多少和气；语言奖劝，成得人多少德行。满腔是与人为善之心，开口即与人为善之道。存得此心，何敢容易说话？

与人言义，义定则有当为之事，有不当为之事；与人言命，命定则有自致之福，有不可妄致之福；与人言法，法定则有自免[77]之道，有不可幸免之道。知法之不可犯，即君子怀刑[78]之心也；知命之不可强，即君子俟命[79]之心也；知义之不可违，即君子喻义之心也。此中大有感触，大有转机，吾言未必无补。

家庭之言，天伦恩义之所系也，断不可有偏好偏恶之心。一涉乎偏，则家道必乖，何以对吾亲！堂陛[80]之言，天下安危之所系也，断不可存私喜私怒之见。一涉乎私，则治术[81]必坏，何以对吾君！

与同等者言，直而当；与位尊者言，和而诤。其理直，其辞直，侃侃如也。其辞婉，其理直，訚訚[82]如也。学者须识得圣人气象，自然合宜。在朝在乡，事上接下，可以类推。

有廓然大公[83]之心，斯有廓然大公之论。自私自利者，伤天下之元气，抑天下之人材，恬然[84]不以为可惜。若此心廓然，如鉴之空，如衡之平，绝不以己私与焉，则平正通达。至理名言，我身与天下为公矣。

规过[85]之言，须令人有悔悟意。不甚其过，所以示可转之机；不斥其过，所以作自新之气象。劝善之言，须令人有歆动意。引以易从，明指其趋向之路；导以不倦，并生其鼓舞之心。

以古事证今言，我有据而人易信；以浅言道俗事，辞不费而人易从。故知泛而无征者，非典要[86]之语；隐而求深者，非平易之情。

宽厚之言,包涵一切,是非却极分明,不可以徇私夺理。姑息之言,苟且一时,是非却没分晓,适足以长恶遂非[87]。

言者,心之声也,诚于中,形于外,不可以伪为也。最怕满口是圣贤说话,满腔是庸众心肝。纵然好听,而体察践履处却少。以此感人,其能动乎?

礼义廉耻,人之大防也。只可峻其防,不可溃其防。一言而溃之,罪孰大焉?声色货利,性之大贼也。只可御其贼,不可纵其贼。一言而纵之,罪孰大焉?

笃伦纪第五

《孝经》言天子诸侯卿大夫之孝备矣,而士之孝,则曰:"以孝事君则忠,以敬事长则顺。忠顺不失,以事其上,然后能保其禄位而守其祭祀。"庶人之孝,则曰:"用天之道,分地之利。谨身节用,以养父母。"学者其知所从事焉。

事亲者色难[88],故《礼》曰"下气怡声[89]""婉容愉色"。尽孝者养志,故《礼》曰:"听于无声,视于无形。"

孝莫大于守身,守身莫要于敬事[90]。一事不敬,小则辱亲,大则祸亲,敢不敬乎?

菽水承欢[91],不必三牲之奉养;椎牛致祭,不如鸡黍之亲尝。故"孝子爱日"。

爱敬之情,父母为重。世有爱妻子而薄父母者,有厚朋友而慢父母者,悖逆之心,不可问矣。孔子曰:"不爱其亲,而爱他人者,谓之悖德;不敬其亲,而敬他人者,谓之悖礼。"

官怠[92]于宦成,病加于小愈,祸生于懈惰,孝衰于妻子,四者,人情之所不免也。然因妻子而孝衰,则尤为人伦之害,故必慎终如始。

父母之恩,天地覆载之恩也。不孝父母,则是天不覆地不载之人,罪孰大焉?孔子曰:"五刑之属三千,罪莫大于不孝。"

爱敬者,良知良能也,有父母而后有兄弟。父母之爱,兄弟之敬,同体同气,天性自然。故曰:"亲亲,仁也;敬长,义也;达之天下也。[93]"

《常棣》[94]八章,反覆曲尽。死丧之威,兄弟怀之。急难之事,兄弟救之。外侮之来,兄弟御之。平安之后,兄弟岂不如友生乎?笾豆[95]之陈,兄弟岂不当燕乐乎?熟思而深味之,友爱之心,自油然而生矣。

髫龀[96]之年,其兄弟相爱者,天性未漓[97]也。婚姻之后,其兄弟多隙者,妇言有间也。惟能不以妇言间其天性,并以大义开示[98]妇人,则所全者多矣。

妻子好合,兄弟既翕[99],此是家庭和气,则父母安乐,福禄聿臻[100]矣;夫妻反目,兄弟阋墙,此是家庭戾气,则父母忧愁,灾祸随至矣。感应之机,捷如影响。

曰兄弟,天伦之序也,有埙篪之应[101]焉,有手足之爱焉;曰长幼,年齿之序也,有雁行之节焉,有肩随之礼[102]焉。亲疏自有差等,而恭敬可以类推。

睦族邻第六

《周礼》教法,始于六乡。"孝、友、睦、姻、任、恤"谓之六行,善于父母为孝,善于兄弟为友,而"睦、姻、任、恤",则统于族邻而言之也。州长[103]每岁四读法[104],党正[105]七读法,族师[106]则十四读法。弥亲民者,于教亦弥数。其于六行,与六德六艺并考之,且书以劝之,所以为三年宾兴之本也。故其时人才众多,风俗淳厚,盖教法之所由渐摩[107]者久矣。

九族睦,则根本不摇,积而至于万族,天下之势,于以固焉。四邻睦,则比户[108]可封,积而至于万邻,天下之众,于以萃焉。此中聚散离合之故,全赖此一"睦"字以联之。

合族之人,虽在疏远,饮食赡之,教诲成之,祖宗之心也。同里之人,即属卑贱,礼意接之,恩惠周[109]之,父老之愿也。此心此愿,吾辈岂可一日忘之!

乡里之人心,皆属善良,即有愚而无知者,出言或有差错,行事或有乖谬[110],实出于无知,非由于有意。以理谕之,以情通之,明白开导,必将晓然不复错矣。故愚者之愚,成于知者之智,尤成于智者与人为善之心。

人心险刻,作事即多阴恶,勿谓乡愚[111]不识小人;人心正大,作事即皆光明,勿谓乡愚不知君子。

轻重上争一分,长短中争一寸,贸易之见也。欠一分只少一分,欠一寸只少一寸,宽厚之心也。此分寸中,却有多少生意。故曰:"与肩挑贸易,勿占便宜。"

吾家世居里仁桥,二百年矣。达源自幼及冠,周旋乡党之间,习闻父老之训,窃喜风俗淳厚,人心善良。筮仕[112]以来,与父老旷别。今幸假归,畅申洽比[113]。敦庞谊古,允怀廉让之乡;恭敬情深,弥眷梓桑之里。谨书美俗,以示来兹。

一曰勤以修业。士农工商,各有其业。黄卷青灯,士不勤,则无以成学;犁雨锄云,农不勤,则无以力耕。即在工商,或作或辍,悠悠忽忽,毕竟一无所成。吾邻里士农工商,皆专心致志,不敢怠惰因循,故事事都有成效。

一曰俭以裕财。衣服饮食,宫室婚嫁,不可不用,断不可不节。奢侈之端,皆起于贫富相耀。富者竞尚繁华,彼此争胜,不过令世俗之人,道一个好看。曾未数年,而已典田破产,悔之何及!贫者办事,宜称家之有无,乃复与富者相较,速之饥寒,尤为可虑。吾邻里质朴古风,数十年来,尚如昔日。敬告比闾[114],量入为出,慎兹俭德,以杜奢淫。庶几盖藏有馀,而无虞其不足矣。

一曰让以息争。乡愚之见,大抵一钱必争,点水不让,非其性独然也。有让一钱者,则争钱者愧矣;有让点水者,则争水者惭矣。吾邻里人心退让,未尝以小故纷争。或万不得已,因事致讼,则父老必为多方讲息[115],委曲排解。与其以财贿饵吏胥[116],不若修桥补路;与其以光阴争客气,不若读书种田。故让者,人心息争之道也。

一曰礼可以正俗。乡邻之间,狃于习见,以为鄙野[117]不可绳以礼教,故有尊卑长幼,不知其序者矣。冠婚丧祭,不知所守者矣。不知其序,则将干犯名义,无所不敢。不知所守,则将踰越规矩,无所不为。其俗尚可问乎?吾邻里父老,皆以朱子《小学》《家礼》诸书,训其子弟,俾有遵循,盖彬彬然有礼意焉。

一曰仁以恤众。鳏寡孤独,仁政之所先也。况在同里[118]共井,见闻尤切者乎?饥易为食,粗粝可以充饥;寒易为衣,敝絮可以盖体。即求医贷药,疾痛固属相关;助榇施山,葬埋尤为至要。吾邻里父老,同怀恻隐,念切济施,有保爱周恤之心,无茕独颠连之状,不诚为善于乡者乎?

一曰慎以防奸。保甲[119]之法,官司之所设也。互相查缉,不敢隐漏,奸伪无所容,盗贼因以息,可谓法良意美。然而奉行不实,徒属虚文。官司之究察,不如同甲之稽查矣。吾邻里皆土著,士食旧德,农服先畴[120],族戚相保,朋友相信,无一可疑之人。即有外籍新来,必细审其履历,又有认识保人,方准留住。以本甲为亲为友之众,察本甲非亲非友之人,断不致有奸匪藏匿其间。道不拾遗,外户不闭,岂不可复见于今日乎?

亲君子第七

《易》之道,阳为君子,阴为小人。阴阳之消长,即君子小人之进退也。"小往大来",上下交为泰;大往小来,上下不交为否。《泰》之"初九,拔茅茹,以其汇征吉",君子之拔而进也。《否》之"初六,拔茅茹,以其汇征吉亨",君子之拔而退也。然则保泰休否,君子之所关系,岂不重哉?且不独世之否泰然也,即如学者,一身之所成就,日与君子处,则进于高明;日与小人处,则流于污下。有君子,而又有小人间之,则高明者,或至障隔;有小人,而又有君子匡之,则污下者,必有转机。君子之裨益于吾身者,如此其切也。天地不能有阳而无阴,人不能有君子而无小人,亦贵乎,无善择焉而已。

在上者知人,则平治天下之道也;在下者知人,则保安身家之道也。君子小人之分,可不早辨哉!然而未易辨也。且即其性情之发于外者观之,曰刚直,曰平正,曰虚公[121],曰谦恭,曰敬慎,曰诚实,曰特立,曰持重,曰韬晦,曰宽厚慈良,曰责己必严,曰嗜欲必淡,曰好恶有常,曰见其远大,曰隐恶扬善。君子之道,虽不尽乎此,而即此可以得其概矣。小人反是,曰柔佞,曰偏僻,曰徇私,曰骄慢,曰恣肆,曰险诈,曰附和,曰轻捷,曰表暴[122],曰苛刻残忍,曰律人必甚,曰势利必热,曰喜怒无定,曰狃于近小,曰妒贤嫉能。小人之道,虽不尽乎此,亦即此可以得其概矣。

其道德无所不包,其经济无所不备,可经可权,可常可变,古有其人,读书而尚友之,今有其人,景行[123]而亲炙之。

百步之外,树正鹄而射者,识其的之有定也。五都之肆,操规矩而匠者,识其巧之有凭也。百行之中,慕圣贤而师者,识其学之有本也。

水行者,不可无舟楫,陆行者,不可无鞭策。君子其为人之舟楫鞭策乎?

候砖景而丝丝递增者,人每不觉;砺品行而寸寸加益者,人亦不知。此不知不觉中,其熏陶默化,受益良深。

君子立志必为圣贤,居心必存宽大,行事必循规矩,出言必合理义。有不可屈挠之志,则圣贤同归;有不可狭小之心,则胞与同量;有不可苟且之事,则措置咸宜;有不可轻易之言,则推行悉当。君子者,率马之骥也。我伏枥安之,乃旷然不胜其远;凤驾而追之,则我与君子一也。

远小人第八

富贵利达之所以求,与齐人墦[124]间之所以乞,在人看做两样,在君子则看做一样。其情其状,可羞可泣,却是一点不差。惟孟子礼义分明,一介不取,万钟[125]不屑,故能洞见小人五脏,痛下针砭[126]。学者充其羞恶之心,养其刚大之气,则卓然有以自立矣。

笔端刻薄,岂有宽厚心肠?口中雌黄,必无远大见识。

谈死友之过,道中菁之言[127],此等心术,试问何如?可以谏正言以斥之,不可谏掩耳而过之。

言笑便作圆美态,此是"巧言令色";言笑故作刚方态,此是"色厉内荏"。有识者,自宜辨之。

君子耻独为君子,小人亦耻独为小人。多方引诱,以成人之恶为快,惟在我自主持,则此辈无所施其伎俩。

木心不正者,其发矢必不直,非良弓之材也;金质不炼者,其制器必不坚,非精金之品也。人苟心术不正,其为材也缪矣。学问不深,其为器也浅矣。

骄淫之人,不可近也。我虽未即骄淫,而耳目濡染,有变易而不觉者。险诈之人,不可近也。我虽未必险诈,而势利挤排,有倾陷而不已者。

道义中有全交,势利中无完友,质直敢言者为诤友,善柔顺意者非良朋。

郑卫之音[128],足以摇荡其性情。珍玩之物,足以移易其嗜好。推之宫室车马衣服,无不以侈肆[129]贻害,皆小人之蛊惑有以致之。学者顾惜身家,断宜猛省。

言无据者不信,事无证者难凭。小人之言,虚无惝恍[130]。

闻善则喜,闻谗则怒,此明断之大用也。

有不誉之誉,不毁之毁。惟心如明镜,斯物无遁情[131]。

有一言而贻祸百年者,有一事而流毒四海者。听其言,似乎可信,即其事,亦属可行,而不知其害之无穷。何也?以一人之私,坏天下之公也。

以私喜用人者,原非举天下之才,我喜之耳,不计人之贤否;以私怒退人者,亦非除天下之害,我怒之耳,不计事之安危。如此居心,岂有济耶?

奔竞[132]之风炽,则恬退者,不能望其光尘;谄谀之习行,则木讷者,不能输其诚悃[133]。

简默沉静者,大用有馀,轻薄浮躁者,小用不足。以浮躁为才,则必偾事[134],以沉静为拙,则必失人。

明礼教第九

《礼》曰:"乐者,天地之和也;礼者,天地之序也。和故百物皆化,序故群物皆别。"又曰："乐也者，情之不可变者也；礼也者，理之不可易者也。乐统同，礼辨异，礼乐之说，管乎人情矣。"盖人之喜怒哀乐，发皆中节，则人心之和，即天地之和也，即所谓乐也。人之贵贱尊卑，各安定分，则人心之序，即天地之序也，即所谓礼也。是礼乐即人而具，无事不有，无时不存者也。先王教人之法，礼乐为先。后世《礼经》尚存，而乐律渐不可考，吾故专言礼教，而兼及乎乐焉。

夫子告子张曰："尔以为必铺几筵，升降酌献酬酢[135]，然后谓之礼乎？尔以为必行缀兆，兴羽籥，[136]作钟鼓，然后谓之乐乎？言而履之，礼也；行而乐之，乐也。"圣人言此，见礼乐之切于人，而人之行礼乐，即在日用之间耳。不然，乐节礼乐，学者将从何处下手？

礼是中正的意思，乐是和平的意思。中正而无和平之意，便是礼胜则离；和平而无中正之意，便是乐胜则流。如此看礼乐，觉得亲切，故礼乐不可斯须去身。

野俗之人，见行礼者，肃然起敬；强悍之子，见守礼者，恬然自平。何也？礼由心生。其心敬者，其容亦敬；其心平者，其气亦平。

富贵之所以骄淫，不能以礼自节也；贫贱之所以慑怯[137]，不能以礼自立也。有理义以主乎内，斯境遇不移于外。故曰："富贵而知好礼，则不骄不淫。贫贱而知好礼，则志不慑。"

"恭敬撙节[138]，退让以明礼。"敛容正色，端庄外著者，恭也；闲邪主一，惕畏中存者，敬也；裁抑自居，确守持盈之戒者，撙也；俭约不放，常遵中正之规者，节也；卑以自牧[139]，不欲上人者，退也；推以与人，不居其有者，让也。六者失其一，而礼有不明者矣。

辨义利第十

《文言》曰："利者，义之和也。"义截然而不可越，似乎不和，然处之各得其宜，则无不和矣。义之和处，便是利。又曰："利物足以和义。"夫不言利己，而言利物，则公且溥矣；不言行义，而言和义，则顺而安矣。利之公溥处是义，义之顺安处是利，义利原是一贯。乃或歧而二之，则有见利而不顾义，且有专骛于利而背乎义者，此不可不辨也。

裁制者为义，适宜者为利，此义利之本原也。直方者为义，便宜者为利，此义利之分途也。《书》曰："不殖货利。"此则以财贿为利也。财贿之见，不难破除,然在圣人纯乎天德,无一毫人欲之私者,尚且戒其不殖,况其下此者乎?切勿看得容易。

喻义喻利,君子小人趣向之分。精神独注,全在两"喻"字。怀德怀刑,皆义也,怀土怀惠,皆利也。四"怀"字,两"喻"字,道得何等透切!

义者,天理之所宜,于此宜,于彼亦宜,虽裁制万物而人不怨;利者,人情之所欲,于我利,于人不利,虽计较一分而人必争。

讨便宜的人,占得一分,不管人少却一分。占得十分,不管人少却十分。利者,人之所同欲也,可公而不可私,可共而不可专。放于利而行,未有不怨者也。"千夫所指,不疾而死。"害孰大焉?

人知求利之利,不知求利之害。说到不夺不餍,却是毛骨悚然。

仁者必爱其亲,义者必急其君,是仁义未尝不利也,苦心引导,特为提醒。

求登垄断,财利尽入橐中;据守要津,富贵尽为己有。以市心行市道,人皆以为贱。贪恋一个"利"字,却不能躲闪一个"贱"字。

徇欲溺情,则万钟可受;矫情干誉,则千乘[140]可轻。抑知让千乘者,见色于豆羹[141],于大处矫揉,小处却自发露;受万钟者,不屑于呼蹴,于小处明白,大处却肯糊涂,其病全在义利上欠分晓。

义处易辨,近义处难辨;利处易辨,近利处难辨。全在精心体认,此中大有工夫。

君子义利分明,道德粹于中,物欲淡于外,故可贫可贱,可富可贵,可常可变,可经可权。

精于义者,眼界大,心地平;徇于利者,眼界小,心地险。

从义理上讲求,尽合得圣贤绳尺[142]。从势利中探讨,便恐是穿窬[143]心肠。

大人物皆正大光明,无不可言之事;小家数多琐屑微暧,有不可问之心。然其心固未尝昧也,正宜猛省。

崇谦让第十一

"君子以裒多益寡[144],称物平施。"其义所包甚广。即以谦论,凡人自高者常多,必抑其轻世傲物之心,而多者裒之。下人者常寡,必增其谦卑逊顺之心,而寡者益之。则物我之间,各得其平,亦谦德之象也。

当天下之大任，建天下之奇勋，可谓劳矣。而以其功下人者，德愈盛，礼愈恭，谦抑自居，永保禄位。故曰："劳谦君子有终吉。"学者一材一艺，便有矜色，对此能无自惭？

谦者，非徒貌言退让也。此心冲虚，不敢有一毫满假之处。我才也，不恃才而狂；我能也，不恃能而傲；我富贵也，不恃富贵而骄；不仅是也，天道亏盈而益谦，地道变盈而流谦[145]，鬼神害盈而福谦，人道恶盈而好谦。盈者，有侈然自肆之心，凡所为之事，无不侈然。谦者有抑然自下之心，凡所为之事，无不抑然。此天地、鬼神、好恶、祸福相因而至也。故谦卦六爻皆吉。

行师者，有威武自恃之心，无谦抑下人之意。自骄者寡谋，轻敌者弛备，未有不败者也。《谦》之六五曰："利用侵伐[146]。"上六曰："利用行师[147]。"以谦虚之德，处崇高之时，临事而惧，计出万全。故能使人怀德畏威，无往而不利也。《书》曰："满招损，谦受益。"益以此赞禹，舜以此格苗[148]。谦之时义大矣哉！

以贵下贱，卑礼以进经纶之材。以虚受人，逊志[149]以资道德之益。

让名者，名归之，让利者，利归之。何也？名者，天下之所争也，造物之所忌也。无实之名，名必不显。即或张皇一时，久且必败。试观古来笃实潜修之士，德蕴于躬，行孚于家，达于乡里州郡，其心歉歉然常若不足。而闻望四达，众誉同归。所谓君子之道，暗然而日章[150]也。利者，人情之所贪恋。而或专之，人情之所吝惜。而或侈之，淫溢荒嬉，泰然自肆。卒之多藏者厚亡，滥用者奇穷，利果安在？善处利者，权其力之所自得，分之所应有，礼之所必用，兢兢焉以盈满是戒，而究无盈满之虞。夫孰有利于此者哉？

反躬责己，须用进一步法；接物待人，须用退一步法。

一日不再食则饥，乃或一食而费数人之食；终岁不制衣则寒，乃或一衣而费数岁之衣。天之所生，地之所产，人之所用，止有此数，而过其节焉，则盈也，非谦也，即此可以类推。

不敢以意气凌人，不敢以言语骄人，不敢以逆亿[151]待人。

天之高能覆，地之厚能载，德之大能容。

自矜其智，非智也。谦让之智，斯为大智。自矜其勇，非勇也。谦让之勇，斯为大勇。

处事留有余地步，发言有无限包涵，切不可做到十分，说到十分。

谦让者，饰于外则易，由于中则难；矫于暂则易，持于久则难。由中者，内外如一,持久者,始终不渝。

尚节俭第十二

《论语》言节用,《周礼》以九式均节财用。无过不及之谓节。俭与奢反,有收敛简约之意,非吝啬之谓也。此理上下同之,未有不节俭而财用有馀者也。

节俭者,持盈保泰之要也。国之富,其初未有不俭者,骄泰[152]已甚,而国不可支矣;家之富,其初未有不俭者,奢侈已甚,而家不可保矣。惟君子豫防[153]于骄泰未发之先,杜塞[154]其奢侈。将萌之渐,大处固严,即纤小处亦谨,显处固严,即隐微处亦谨。

国奢则示之以俭,国俭则示之以礼,礼以救俭,俭以救奢,此君子维持风俗之道也。一家一乡之中,观感尤切,全赖有人补救,庶可力挽颓风。

食之以时,用之以礼,此节俭之大端也。古者鱼不满尺,人不得食。果实未熟,不得采取,限一"时"字,便有多少生意,而物力充矣。冠婚丧祭,人有常制,宾客饮食,物有常品。限一"礼"字,便有一定章程,而财用裕矣。至于家给人足,菽粟[155]几如水火;太平景象,令人罋然高望而远志也。

用天之道,分地之利,谨身节用,以养父母,此庶人[156]之孝也。孝子事亲,不敢以非礼辱其身,不敢以滥用亏其养。

天之所生,当为天惜之;地之所产,当为地惜之;人之所成,当为人惜之。留有馀不尽之意,便有充然[157]各足之时。

春生夏长,秋收冬藏,收藏是天地节俭处。不然,春生夏长,天地之气,亦不能充积极其盛也。人身亦小天地,有发舒处,即有收敛处。其于财也,亦若是而已矣。

圣人在上,躬行节俭,为天下先。吾谓士君子空言节俭,亦属无补,当以躬行先之,则人皆曰,某且为之,不得以俭啬责人矣。于是俭者乐从,奢者勉从,而节俭之风,可以渐次而四达矣。

节俭之事,在识大体,去繁文,审时势。冠婚丧祭,礼之所在。赠遗赈恤,义之所宜,此大体也,不可吝也;宫室车马,厌常而喜新,衣服簪珥,踵事而增丽,此繁文也,不可为也;称家之有无,则财不绌,权岁之丰歉,则用有馀,此时势也,不可忽也。此三者,在家长易知,而子弟为难。在丈夫易知,而妇人为难。惟以身导之,以言教之,庶乎得其要矣。

衣食艰,廉耻丧;衣食足,礼义兴,一定之理也。故学者以治生为急,而治生则以节俭为先。

遇小事敬谨,便是战兢,将来上达有望;见小物爱惜,便是撙节,将来后福无穷。

儆骄惰第十三

骄者气盈,而惰慢之气设于身体,惰由骄生也。惰者气歉,而狎侮[158]之情,见于辞色,骄由惰生也。二者如循环然。

盈者,客气也,却难得消除。歉者,馁气也,却难得振拔。能损抑[159],便无骄处。能整肃,便无惰处。

生来便成骄惰,未见其人,大抵由气习染来。子弟少年,知识未定,见父兄豪纵,习惯自然。或朋友交游,类多轻肆。或城市风俗,半属矜夸。渐渍[160]既深,淫泆逾甚。欲不骄惰,其能已乎?故脱尽气习,便是君子。

外骄不可堪也,而内骄尤甚;貌惰不可支也,而心惰尤甚。

有功于人,便有矜色;有惠于人,便有德色,此是骄态。矜而不已,必有慢言;德而不已,必有狎志,此是惰容。

识浅气浮,擅作威福,每假势以凌人,故侯门有骄仆,权门有骄吏。傲慢无张,殊出人情之外,岂以学问之士,等于仆吏之流?

予智者,智无不周,而蔽于童稚之见,其智先自小也;予雄者,雄无不服,而败于羸弱之手,其雄先自轻也。

热闹中,以平静处之,靡丽中,以清素处之。鼎油方沸,而张之焰焉,油将立尽矣;云锦方舒,而尚其绚[161]焉,锦且日章矣。

突有难堪之事,以定心静气当之,尽排解得多少缪辀[162]。以怒色厉声处之,便激发出多少纠纷。

智深勇沉,详审闲暇,当大事而有馀;心粗气浮,急遽[163]轻率,应小事而不足。

有一分谦退,便有一分受益处;有一分矜张,便有一分挫折来。

倨傲者,人望而畏之,只成得一个侮慢自贤;懒散者,人望而鄙之,只成得一个怠惰自甘。且看后来结果如何。

贵而骄惰,有不失其贵者乎? 富而骄惰,有不失其富者乎? 才能而骄惰,有不失其才能者乎？考之于古，验之于今，历历不爽，而尚不悟也，惜哉！

暴戾则失中和之气，怠荒[164]则失刚大之气。因其偏而克之，可与为善。

戒奢侈第十四

名分者，上下之定制也。春秋时，习为奢侈，名分之干，恬然不以为怪。即鲁之三家，视桓楹[165]而设拨，其葬也僭；舞八佾[166]而歌雍，其祭也僭。事生之僭，即此可推。故懿子[167]问孝，夫子特以礼示之，且又谆谆然为天下告也。曰："奢则不孙[168]，俭则固[169]。"非不知固之非礼，特以不孙之弊，其害更大耳。呜呼！人至不孙，岂复知有名分哉？

先进后进，野人君子之称，此正关系风俗。今子弟与前辈近者，便有一段淳厚意味；与后辈近者，便有一段浮夸意味。"吾从先进"，是夫子现身说法。

有泰然夸大之心，有馀者，矜其势耀，不足者，强为张皇，故凡事从其大者为奢。有嚣然侈肆之意，宜简者，变本加饰，已丰者，踵事而增，故凡事从其多者为侈。

位过其德，禄过其才，任过其力，言过其行，此奢侈之大也。

为天下用财者，惠不妨于丰；为一己用财者，礼必严其过。

有世家之名，当顾惜祖宗体面；有公子之名，当顾惜父母体面。愈收敛，愈觉矜贵；愈侈肆，愈觉卑污。

奢贵戒其渐。象箸[170]始于商，前此未尝有也。箕子叹曰："今为象箸，必为玉杯。玉杯象箸，必将食熊蹯[171]豹胎，他物又将称是。"吾观箕子之言，而知圣人之防其渐也。渐之既开，其流必甚。象箸玉杯，在常人见得甚小，在圣人见得甚大；在常人依违目前，在圣人力防流弊。

奢贵绝其诱。曾有仕宦之家，子弟颇聪慧，而自甘暴弃，侈汰[172]性成。见有道君子，缪为恭敬，貌合神离。而所与交好者，皆匪辟[173]浮华之士；所与讲求者，皆踰越闲检[174]之端。奸声乱色，无所不为，自诩一时豪迈。及解组[175]赋闲，立形拮据。向所称交好者，云散风流，漠然不顾。呜呼！冷暖人情，此时之不顾，本无足怪，独奈何昔日肯与之游哉？故诱我者当绝也。

奢足以折福。老年享福福在，少年享福福消，盖盈虚之定数也。老者劳心劳力，子孝孙贤，衰暮之时，受用丰足，其分宜然。少年过分，非所宜也。

奢足以招尤。宫室车马，衣服饮食，违其常而趋异，共指为不祥。舍其旧而图新,皆斥为过饰。甚至天资可学,而有德者,以纨绔鄙之,竟外于门墙。阀阅[176]虽高,而抱道者,以豪华薄之,不登于荐剡[177]。一念侈汏,尤悔丛生。徒与浮薄子弟,连袂摩肩,夸多斗靡,卒至断送一生,岂不可惜?

奢则必懒。伺候者,衣轻食鲜,奔走者,颐指气使。外长其傲慢之态,内生其淫佚之心。艰于语言,几同缄口。迟其步履,宛若痿痹[178]。此等行为,无复生理。遂至妇女怠荒,日三竿而未起。子弟懈弛,酒百榼[179]以常酣。及乎典藏屡空,补苴[180]无术,不知此时亦有悔心否?

奢则必贪。自古俭吏,未有不廉者;自古奢吏,未有不贪者。何也?非贪无以济其奢也。人一而我百,人十而我千,所费者,既已加倍于人;人十而我十,人千而我千,所入者,岂能独倍于我?不节之用,莫能塞其漏卮;无厌之求,乃至开其贿孔。呜呼!脂膏沾润,或滥于闾阎[181];粮饷侵渔,或剥削乎军士,亦复何所不为哉?

其害必至于破家。晋之何曾,日食万钱,犹云无下箸处。奢豪之性,已实作俑,子弟有不化之者乎?故曾之子劭,遂至日食二万钱。其孙绥及机与羡,汏侈尤甚,皆不克终。永嘉之末,何氏竟无遗种。司马温公曰:"何曾讥武帝偷惰,取过目前,不为远虑。知天下将乱,子孙必与其忧,何其明也!然身为僭侈,使子孙承流,卒以骄奢亡族,其明安在哉?"

其害必至于败俗。方石崇、王恺之争为奢靡也,恺以饴沃釜,崇以蜡代薪。恺作紫丝步障四十里,崇作锦步障五十里。崇涂屋以椒,恺用赤石脂。其时互相争尚,靡靡成风。车骑司马傅咸上书曰:"先王之治天下,食肉衣帛,皆有其制。奢侈之费,甚于天灾。古者人稠地狭而有储蓄,由于节也。今土广人稀而患不足,由于奢也。欲时人崇节俭,当诘其奢。奢不见诘,轻相高尚,无有穷极矣。"呜呼!"奢侈之费,甚于天灾。"傅咸之言,诚万世之格言也。谁实为之,而贻风俗之累乎?

扩才识第十五

《蒙》:"君子以果行育德。"德可育,才亦可育。《大畜》:"居子以多识前言往行,以畜其德。"德可畜,才亦可畜。才之存主处是德,德之发见处是才,故君子德备而才全。

九德、六德、三德,未尝言才,而才在其中矣。有才而无德,其体不立;有德而无才,其用不全。

天资英拔,才识通明者,此生质之美也;讲习扩充,才识老练者,此学问之功也。或问:"君子不器,是就格物致知上做工夫,看得道理周偏亲切,故施之于用,无所不宜否?"朱子曰:"也是如此,但说得着力了。"吾谓学者未到君子地位,正须着力扩充。

经以断理,史以断事,是非得失之几,可一言而决矣。平日读一经,便精究其理,了然无疑;读一史,便研穷其事,若我当面处置。久久融洽,猝然遇有事理,迎机[182]剖决,自然无不妥当。

大则旋乾转坤,密则分条析缕,坐户庭而知九州四海,居今日而知数世百年。才识充周,流通无间。

无成见则通,无俗见则大。无私见则公,无偏见则平。

才识不逮古人,可以救弊补偏,莫轻言兴利除害。据目前之利,不数年而害已迭生;据目前之害,不数年而害将更甚。以此见古人之远大,后人之浅近。

可与守经,可与达权,可与安常,可与应变,方见才识之大。

蔑古非才,泥古亦非才。自用自专者固不可,若使拘文牵义[183],亦属缪辂难行。故曰:"化而裁之存乎变,推而行之存乎通,神而明之存乎其人。"

有君子之才,有小人之才,才识同,而所用不同。君子之才公而正,小人之才私而偏。公正者,天下受其福,偏私者,天下受其殃。

裕经济第十六

有尧舜君民之心,即有尧舜君民之事。伊尹以天下自任者也,而乐尧舜之道于畎亩[184]之中,此其志量廓然,其措施了然,虽匹夫之贱,而治天下之道,如指诸掌,故一旦推而行之裕如也。学者不自菲薄,须知廊庙[185]之经济,备于草野之讲求,不可以不豫焉。

天地只是个生物之心,尧舜只是个并生之心。要使吾君为尧舜,则仁民爱物,最是第一要着。

"德惟善政,政在养民。"民不足而可治者,未之有也。管子曰:"岁有凶穰[186],故谷有贵贱;令有缓急,故物有轻重。民有馀,则轻之,故敛之以轻;民不足,则重之,故散之以重。凡轻重敛散之以时,即准平。守准平,使万室之邑,必有万钟之藏。千室之邑,必有千钟之藏。故大贾蓄家,不得豪夺吾民矣。"又曰:

"国之广狭,壤之肥硗[187]有数,终岁食馀有数。彼守国者,守谷而已矣。"管仲相桓公,仅能致君于霸耳。而守谷之说,则王道足民之至计也。岁穰者,谷必轻,为敛而籴之。岁凶者谷必重,为散而粜之。谷价常平,民食常足,仓廪[188]实而知礼节,岂非唐虞厚生正德之遗意哉？厥后李悝行之于魏,耿寿昌行之于汉,历有成效。故曰:"积贮者,天下之大命也。"①

注 释

[1] 平旦:清晨。

[2] 萌蘖(niè):萌发的新芽,喻指事物的开端。

[3] 梏(gù)亡:因受利欲搅扰而丧失本性。

[4] 夜气:儒家谓晚上静思所产生的良知善念。

[5] 几希:相差甚微,极少。

[6] 果毅:果断而坚毅。

[7] 患:忧虑,担心。

[8] 程子:对宋代理学家程颢、程颐的尊称。

[9] 立心:下决心。

[10] 君子上达:出自《论语》,"子曰:'君子上达,小人下达。'"意思是君子向上,通达仁义;小人向下,追求名利。

[11] 蠹(dù):蛀蚀,败坏。

[12] 伦纪:伦常纲纪。

[13] 贞固足以干事:语出《周易·乾·文言》,"贞者,事之干也……贞固足以干事",意为坚持正道足以成事。贞:即"正"。固:坚固。干:主持,主办。事:事业或事件。

[14] 疢(chèn)疾:热病,亦泛指病。

[15] 何如:怎么样。

[16] 靡(mǐ):倒下。

[17] 高举:高飞。

---

① 胡达源.弟子箴言[M].上海:明善书局,1935:1－7,13,15－16,18－23,26,28－33,35－37,43－46,49－50,52,54－55,63－65,68,74,77－78,80－81,85－86,88,93－94,103－105,111－112,114－116,118－120,127,129.

[18] 渐:渐进,逐步发展。

[19] 藏修游息:语出《礼记·学记》,"君子之于学也,藏焉,修焉,息焉,游焉",意为心里常常想着学习,不能废弃,甚至休息或闲暇的时候也要学习。藏:怀抱。修:学习。游息:行止,游玩与休憩。

[20] 歧:不相同,不一致。

[21] 因循:拖拉,疲沓。

[22] 困穷拂郁:愤懑。拂:通"怫",愤怒的样子。

[23] 及:等到。

[24] 趋跄:形容步趋中节,古时朝拜晋谒须依一定的节奏和规则行步,亦指朝拜,进谒。

[25] 卤莽:马虎,得过且过。

[26] 寻绎:抽引推求。

[27] 躐(liè)等:逾越等级,不按次序。

[28] 不时:随时。

[29] 理会:懂得,领会。

[30] 涣然冰释:像冰遇热消融一般,形容疑虑、误会、隔阂等完全消除。然:流散的样子。释:消散。

[31] 性道:人性与天道。

[32] 经济:治理国家。

[33] 万殊:各不相同。

[34] 满假:自满自大。

[35] 欺谩:欺骗,欺诈,蒙蔽。

[36] 忿懥(zhì):愤恨、愤怒的样子。

[37] 虚明:内心清虚纯洁。

[38] 视而不见,听而不闻,食而不知其味:语出《大学》,意为虽然在看,但却像没有看见一样;虽然在听,但却像没有听见一样;虽然在吃东西,但却一点也不知道是什么滋味。

[39] 仿佛:像,类似。

[40] 检摄:约束监督。

[41] 作字甚敬:写字在于一个"敬"字。

[42] 九容:旧称君子修身处世应有的九种姿容。

[43] 九思：语出《论语·季氏》："君子有九思：视思明；听思聪；色思温；貌思恭；言思忠；事思敬；疑思问；忿思难；见得思义。"

[44] 朱子：对宋朝朱熹的尊称。

[45] 虽：即使。

[46] 妄：胡乱，荒诞不合理。

[47] 化育：滋养，养育。

[48] 夐(xiòng)：远。

[49] 虚澈：清澈透明。

[50] 摄持：控制。

[51] 警策：教训督促，使之上进。

[52] 徒：只，仅仅。

[53] 心劳日拙：现多指做坏事的人，虽然使尽坏心眼，到头来不但捞不到好处，处境反而一天比一天糟。心劳：费尽心机。日：逐日。拙：笨拙。

[54] 波靡：比喻倾颓之世风，流俗。

[55] 一念：一动念间，一个念头。

[56] 幾(jī)：苗头，预兆。

[57] 黾(mǐn)勉：勉励，尽力。

[58] 脞(cuǒ)：细小而繁多，琐细。

[59] 仲弓：春秋鲁国冉雍的字，也称子弓，孔子的学生，以德行著称。

[60] 居敬行简：语出《论语·雍也》，意为内心严肃，办事简要。

[61] 乡党：古代五百家为党，一万二千五百家为乡，合而称"乡党"。

[62] 太上立德，其次立功，其次立言：引自《左传·襄公二十四年》，意思是最上者是立德，其次是立言，再其次是立功，立了此三项，不论时间过多久都不会作废，这才叫作不朽。

[63] 已然：已经成事实，已经这样。

[64] 浅鲜：轻微，微薄。

[65] 阴私：隐秘不可告人的事。

[66] 翘：揭露。

[67] 三复白圭：慎于言行。

[68] 闺阃(kǔn)：旧指妇女居住的地方。

[69] 吕新吾：吕坤，字叔简，号新吾，宁陵人。

[70] 险刻:阴险忌刻。
[71] 侈口:夸口,大言。
[72] 陶镕(róng):陶铸熔炼,比喻培育,造就。
[73] 狃(niǔ):因袭,拘泥。
[74] 揆(kuí):管理,掌管。
[75] 措置:安置,办理。
[76] 恺恻:和乐恻隐。
[77] 自免:求得脱身,自求避灾免患。
[78] 怀刑:畏刑律而守法。
[79] 俟(sì)命:听天由命。
[80] 堂陛:朝廷。
[81] 治术:驭臣治民之权术,亦泛指治理国家的方法、策略。
[82] 訚(yín)訚:和悦而正直地争辩。
[83] 廓然大公:心地开阔,大公无私。
[84] 恬然:安然。
[85] 规过:规正过失。
[86] 典要:不变的法则。
[87] 遂非:掩饰错误。
[88] 色难:语出《论语·为政》,意为(对父母)和颜悦色,是最难的,多指对待父母要真心实意,不能只做表面文章。
[89] 下气怡声:形容声音柔和,态度恭顺。下气:态度恭顺。怡声:声音和悦。
[90] 敬事:恭敬奉事。
[91] 菽(shū)水承欢:供养父母,使父母欢乐。
[92] 怠:懒惰,松懈。
[93] 亲亲,仁也;敬长,义也;达之天下也:出自《孟子·尽心上》,意思是爱父母就是仁,敬兄长就是义,这没有别的原因,只因为仁和义是通行于天下的。
[94] 《常棣》:出自《诗经·小雅》,咏叹兄弟之间的血缘感情的深厚。
[95] 笾(biān)豆:古代食器,竹制为笾,木制为豆。
[96] 髫(tiáo)龀(chèn):幼年。
[97] 漓:薄,与厚相对。
[98] 开示:指明。

[99] 翕(xī):和好,聚会。

[100] 臻:来到。

[101] 埙箎(chí)之应:埙、箎皆古代乐器,二者合奏时声音相应和。常以"埙箎"比喻兄弟亲密和睦。

[102] 肩随之礼:语出《礼记·曲礼上》"年长以倍,则父事之;十年以长,则兄事之;五年以长,则肩随之",意为古时年幼者事年长者之礼,并行时斜出其左右而稍后。

[103] 州长:《周礼》官名,一州之长。

[104] 读法:宣读法令。

[105] 党正:周时地方组织的长官。

[106] 族师:周代官名,地官之属,百家之长。

[107] 渐摩:浸润,教育感化。

[108] 比户:家家户户。

[109] 周:给,接济。

[110] 乖谬:荒谬反常。

[111] 乡愚:旧时对乡村老百姓的蔑称。

[112] 筮(shì)仕:初做官。

[113] 洽比:融洽,亲近。

[114] 比闾(lú):语出《周礼·地官·大司徒》:"令五家为比,使之相保,五比为闾,使之相受。"比闾为古代户籍编制基本单位,后以"比闾"泛称乡里。

[115] 讲息:和解息争。

[116] 吏胥(xū):地方官府中掌管簿书案牍的小吏。

[117] 鄙野:乡野之人。

[118] 同里:同乡。

[119] 保甲:旧时统治者通过户籍编制来统治人民的制度,若干户编作一甲,若干甲编作一保,甲设甲长,保设保长,对人民实行层层管制。

[120] 先畴:先人所遗留的田地。

[121] 虚公:无私而公正。

[122] 表暴:自炫。

[123] 景行:崇高的德行。

[124] 墦(fán):坟墓。

[125] 万钟:优厚的俸禄。

[126] 痛下针砭(biān):比喻痛彻尖锐地批评错误,以便改正。针砭:古代以砭石为针的治病方法。

[127] 中冓(gòu)之言:内室的私房话,也指有伤风化的丑话。中冓:内室。

[128] 郑卫之音:春秋战国时郑、卫等国的民间音乐。

[129] 侈肆:奢侈恣肆。

[130] 惝恍:模糊不清。

[131] 遁情:隐情。

[132] 奔竞:为名利而奔走争竞。

[133] 诚悃(kǔn):真心诚意。

[134] 偾(fèn)事:把事情搞坏。

[135] 酬酢(zuò):劝酒。

[136] 缀兆:古代乐舞中舞者的行列位置。羽籥(yuè):古代祭祀或宴飨时舞者所持的舞具和乐器。

[137] 慑怯:畏惧。

[138] 撙(zǔn)节:节省,节约。

[139] 自牧:自我修养。

[140] 千乘:战国时,小的诸侯国称"千乘"。

[141] 豆羹:豆器中的羹,喻微小、细微。

[142] 绳尺:木匠用来标明直线、量度长短的工具,比喻规矩法度。

[143] 穿窬(yú):穿壁逾墙,指偷盗行为。

[144] 裒(póu)多益寡:减有余以补不足。裒:减少。

[145] 流谦:出自汉刘向的《说苑·敬慎》,意为谦逊。

[146] 侵伐:兴兵越境讨罪,进攻他国。

[147] 行师:用兵,出兵。

[148] 格苗:语出《书·大禹谟》"帝乃诞敷文德,舞干羽于两阶,七旬有苗格",后以"格苗"谓边民臣服。

[149] 逊志:虚心谦让。

[150] 日章:日见彰明。

[151] 逆亿:猜想,预料。

[152] 骄泰:骄恣放纵。

[153] 豫防:事先防备。

[154] 杜塞:堵塞,屏绝。

[155] 菽(shū)粟:豆和小米,泛指粮食。

[156] 庶人:西周时用以称农业生产者,春秋时其地位在士之下,工商皂隶之上,秦汉后泛指无官爵的平民。

[157] 充然:满足貌。

[158] 狎侮:轻慢侮弄。

[159] 损抑:谦虚退让。抑:通"挹(yì)"。

[160] 渐渍:浸润,引申为渍染,感化。

[161] 䌹(jiǒng):禅衣,单层的衣服。

[162] 缪轕(jiāo gé):纵横交错。

[163] 急遽(jù):急速。

[164] 怠荒:懒惰放荡。

[165] 桓楹(yíng):古代天子、诸侯葬时下棺所植的大柱子,柱上有孔,穿索悬棺以入墓穴。

[166] 八佾(yì):古代天子用的一种乐舞。佾:舞列,纵横都是八人,共六十四人。

[167] 懿子:孟懿子,姬姓,鲁国孟孙氏第九代宗主,本姓仲孙,也称孟孙,名何忌,世称仲孙何忌,谥号懿,是孟僖子的儿子。

[168] 不孙:即为不顺,这里的意思是"越礼"。孙:通"逊",恭顺。

[169] 固:简陋,鄙陋。这里是"寒酸"的意思。

[170] 箸:筷子。

[171] 熊蹯(fán):熊掌。

[172] 侈汰:过分骄奢。

[173] 匪辟:邪恶。辟:通"僻"。

[174] 闲检:约束检点。

[175] 解组:解绶,解下印绶,指辞去官职。

[176] 阀阅:功勋。

[177] 荐剡(yǎn):引申为推荐。

[178] 痿痹:神经系疾病,筋肉萎缩,不能举动。

[179] 百榼(kē):很多杯酒,比喻善饮。

[180] 补苴(jū):引申为弥合。苴:用草垫鞋底。

[181] 间阎:泛指民间。

[182] 迎机:顺应意向,抓住苗头。

[183] 拘文牵义:拘执于条文或字义,指谈话、做事不知灵活变通。文:条文。义:字义。

[184] 畎(quǎn)亩:民间。

[185] 廊庙:朝廷。

[186] 凶穰(ráng):歉岁与丰年。凶:收成不好,闹饥荒。穰:丰盛。

[187] 肥硗(qiāo):土地肥沃与贫瘠。硗:贫瘠。

[188] 廪(lǐn):米仓。

解 读

曾国藩评价《弟子箴言》:"自洒扫应对,及天地经纶,百家学术,靡不毕具。甄录古人嘉言,衷以己意,辞浅而旨深要。"左宗棠也极欣赏,称其"物滋于稚,圣养于蒙,节性日迈,其道自充。箴言之作,公意在兹,闵彼习非,牗其心知"。

《弟子箴言》融汇先儒诸说,引经据典,以"立志"为始,以"学问"奠基,德备而才全,体明而用适,由内修而外用,以至"民食常足",国泰民安。将发展经济作为落脚点,实为胡达源对传统儒家思想的突破,对人才培养具有启示作用。

胡达源教导子弟"充无穿窬之心"时,并不是以纯理论去教育,而是以身作则。这样的教育方式值得今天的父母好好学习。

(编注:肖　乐　校对:李子月)

女学篇(节选)

〔清〕曾 懿

作者简介

曾懿(1852—1927),字朗秋,又字伯渊,号华阳女士,四川华阳(今四川省成都市)人。她一生著述颇多,除诗文集外,著有《医学篇》《女学篇》《中馈录》,其子袁励准取曾懿之书斋名,将上述三书合为《古欢室全集》刊印于世。

导读

《女学篇》,是曾懿有感于当时日益严重的民族危机,受维新思想的影响,认为女子亦当奋起"守其天赋之责任",乃倡导女学所作。《女学篇》书成于光绪三十一年(1905),采用近代新出现的文献编纂体裁形式——章节体编纂而成。全书除《总论》外,又分为《结婚》《夫妇》《胎产》《哺育》《襁褓教育》《幼稚教育》《养老》《家庭经济学》《卫生》九章,每章下分若干节。对女性教育提出了很多比较合理而翔实的见解。作者自述:"外而爱国、内而齐家、精之及教育卫生之理,浅之在女红中馈之方,词不求深、语不求高。以之为家训也可,以之为女箴也可,以之为女教科书也亦无不可。"

原文

女学总论

今以我国幅员之广,包罗四万万人之众,而女多于男,徒以不兴女学,使女子蛰处深闺,无知无识,悠悠忽忽,坐受淘汰于天地之间,不亦大可惜哉!

夫国者,家之积也;家者,个人之积也。女子有学,其功仅一家而止,扩而充之,无家不学,直一国之福也。况女子之心,其专静纯一,且胜于男子,果能教之得法,宜可大胜于男子者。杨子云:虽云色白,匪染弗丽;虽云味甘,匪和弗美。[1]女子不学,智识何由开耶?故男子可学者,女子亦无不可学。历观古今女子,具有过人之才学,享淑名,膺贤誉者,何可胜数。懿尝谓:陶融女子之性质[2],必教以读书明理为第一义。读书则明理,理明则万事发生之源也。推之经史、词章、图画、体育诸学,可以益人神智;算学、针黹、工艺、烹饪诸学,可以供人效用。能秉此学以相夫,则家政以理;能秉此学以训子,则教育以兴。《大学》所谓不出家而成教于国,真笃论哉。今之为父母者,每于女子多不知教以文学,又不知扩以智识,幼时在家,惟父母是依;及其于归,惟夫是赖,夫富亦富,夫贫亦贫。尝见富贵之家,娶无学无德之妇,奢侈逸豫[3],靡有厌足,广蓄奴婢,被服绮罗,暴殄天物,全不知稼穑之艰辛。相夫则夫受其害,教子则子受其害。天下人才不兴,必女教之失也,国欲治,安得乎?其贫贱之家,则归之于命,全不知振作有为,自甘居于人下。即有自奋自强者,亦无非凭十指之针线为人作嫁,博取微利,即糊口尚不可得,何云致富?比者各省女学,渐启萌芽,女学既兴,无论贫富均能入堂就学,从此划去锢习,与男子以学相战,驯至男女智识相等,强弱自能相等,不求平权而自平权矣,此非直为女学界之转机也?且从此男女智识互相竞争,各求进步,黄种之强,殆将驾环球而上矣。懿愿天下之为母者,教育子女,经理家政,务各尽其道。使男子应尽之义务,无不与女子共之;男子应享之权利,亦无不与女子共之。分之一家蒙其庆,合之则一国受其福,影响之捷,速于置邮。一国之中,骤增有用之材,至二万万人之多,夫何贫弱之足患哉!

第一章 结婚(节选)

男女之结婚,乃人伦之始,将以遂人类繁殖天赋之职能也。为父母者,须注意选择配偶者之体格。盖人身后天各种之疾病,可乞灵[4]于医药,至若先天之疾病,断不能治以人力,甚至缠绵数代。故选择体格,须慎之于结婚之始。至于为子娶媳,尤为一家兴衰之关键。勿徒慕其容貌,而与结婚;勿希冀其财产,而与结婚。须知家道兴于妇德,欲家政之发达,上下之雍穆,非慎选贤能之妇何克臻此?[5]究之结婚之要,虽以门户相当为宜,然娶媳似宜择家境之逊于我家者,择婿似宜择家境之胜于我家者,方为两得也。

第二章　夫妇

盖闻天地䫻[6]气而万物生,夫妇同心而家道正。结义自受聘始,怀恩则既嫁后,以匡过为正,以救恶为忠。鸡鸣戒旦[7],黾勉[8]相规;忠孝信义,随时劝诫。是故女子于归,以夫为主,正位乎内,大义始成,静好琴瑟,虔恭中馈,终身相依,岂敢忽哉?

第一节　爱敬

夫妇之道,天然和好,爱情互相专注。夫之道,在以学识牖[9]其妇;妇之道,在以敬慎相其夫。如友如宾,如兄如弟,斯夫妇之极则也。《易》曰:夫夫妇妇而家道正,家正而天下定矣。中国之为夫者,每以压力待其妻,殊失其道。故英人斯宾塞云:欢爱者,同情也;压制者,无情也。欢爱者,温和也;压制者,苛酷也。欢爱者,利他也;压制者,利己也。岂可用之夫妇间耶?造化生人,既为夫妇,总以相爱相敬为基础。遇事必互相商酌[10],处境则同享甘苦,斯不愧为佳耦[11]。

第二节　平权

平权者,男女平等,无强弱之分也。欲使强弱相等,则必智识学问亦相等。故欲破男尊女卑之说,必以兴女学为第一义。髫年[12]授学,即以其才智与男子竞争,兼习各种利益国家之美术。于归后为夫补助一家之生计,为子启牖童蒙之智慧,则男女之间能力相等,自无强弱之分矣。当今之世,女子不自振拔,辄怨男女之间不能平等,试问能谋生计而自主者,能有几人?

第三节　职务

或谓男女果有平等之说,则男子所有政治上之权,亦将让之女子乎?殊不知主持家政,乃妇人天赋之责,而最适其性质者也。至若政治上之问题,乃妇人分外之事,即其性质亦决不能担任者也。如以教儿女,躬劳剧,制衣服,治饔飧[13]，种种之责任，畀[14]之于男子，恐亦有不能胜任者。盖天之生人，男女之性质各殊，所秉既异，则各有所谓天赋之能力。男则从事于外，女则执业于内，各保其应尽之职务而已。为妇者，善综家政，奉养翁姑，教育子女，维持门户，撙节[15]货财。一门之内，秩叙[16]井然，则女子之职务，正不在男子以下。为夫者，得此内助，俾得尽其应尽之职务，毫无内顾之忧，其裨益岂止一家而已哉？

第三章 胎产（节选）

妇人妊娠，虽系天赋之职分，然胎前之运动，心目之感触，身体之保护，均宜加意摄养。妊妇精神强健，生子亦必苗壮，不至滋生疾病。非有重恙，毋多服药，惟气血素亏，亦赖药力扶持，以免半产漏胎之患。产后之卫生，尤宜加意。欲强种族，不得不培其根本。根本坚固，则子孙之康强必矣。每见为家长者，因吝财致失培养，浸成孱弱等症，讵[17]非因小而失大哉。

第一节 妊妇之胎教

胎教者，怀妊十月，胎儿与母同其感动，故身体之举止，心目之感触，皆能影响于胎儿。《列女传》曰：古者生子，寝不侧，坐不边，立不跛，目不视邪色，耳不听淫声。如是，则所生子女自能容貌端正，而才智过人矣。

第二节 妊妇之卫生

大凡妊妇之卫生，宜运动肢体，调和饮食，居室宜面东南，日光和煦，空气流通，时或散步园林，或遐眺山川，呼吸空气，以娱心目，或纵观经史，以益神智，其影响皆能邮[18]及胎儿。儿秉母气，自必聪慧，不止有益于产母也。

第四章 哺育（节选）

哺育婴儿，实天赋之职任。故每见自乳之儿女，肢体强壮，且母子恩爱之情必厚，将来长成易于教育。

第五章 襁褓教育

小儿稍长，甫能学语，全赖母之提携，养其中和之气，保其固有之天真。一举一动，勿遏其欲，勿纵其骄，随时教导，使其习为善良，俾[19]成智德兼全之品格。所以子女禀性之贤否，恒[20]视母教为转移。谚云：幼时所习，至老不忘。故幼时失教，贻害终身。教子女之道，不可不慎之于始也。

第一节　防倾跌

一小儿,稍有知识,大忌令婢仆等挈[21]儿远离,任意嬉戏,养成一种下流恶习。即使有老成经历之仆妇,亦必置之左右,恐相离稍远,或饮,或食,或寒,或热,均不之顾,甚至倾[22]跌伤及内部,恐主人知而见责,恒隐秘不宣,致成残废。以上各弊,见者屡矣,均宜戒之。

第二节　戒恐吓

凡小儿甫[23]有知识,脑筋心血,尚未充足,最须留意。盖[24]耳目最初,次之闻见,皆易感入脑筋,致生恐吓。常见为母者,欲止小儿啼哭,故作猫声、虎声,使之畏怖,或演神鬼及荒诞不经之说,使之迷信,遂至暮夜不敢独行,索居不能成寝,畏首畏尾,养成一种悥[25]懦之性质,其害良非浅也。

第三节　教信实

父母之待儿童,言必有信。常见小儿,当啼哭之时,长者多方哄骗,或许给食物,或许市玩品,迨[26]过时而亦忘之。或随时教以诳语,以博欢笑,皆非所宜。缘小儿自幼习惯如是,将终其身,不以失信为非矣,遂至言而无信。教子者,尚其留意也。

第四节　教仁慈

常见小儿捉蝶捕虫,辄施摧残,于此可见荀子性恶之说之不诬[27]也。为父母者,必切戒之。俾善念油然而生,则本恶之性,自不觉涣然冰释矣。近世博物家谓小儿喜戕动物,乃具解剖实验之性质,毋亦流于惨礉少恩[28]者耶。

第五节　勿拘束

小儿居恒好动而恶静,乃天然之体育,于卫生最为有益,切不可阻其生机,亦不可拘束过严,使小儿委靡不振,致成窳閦[29]不灵之器矣。但小儿肢骨尚软,初学步时,则可暂不可久。宜时令其憩息,以防蹉跌[30],亦勿令久坐,致脊骨不能植立[31],皆体育[32]中之要点也。

第六节　勿偏爱

儿女众多,优劣不能一致。遇有过失者,宜就事训斥,切勿引他儿作比例,致生其嫉妒之心。尝见父母期子之心过切,绳[33]子之法过严,因此儿之恶,辄称彼儿之善,以愧励之。优劣显分,偏爱昭著,为小儿性质所最忌,非但难期迁善,且手足亦因而参商[34]矣。

第六章　幼稚教育(节选)

小儿入学之年不可太早,缘[35]体质尚弱,脑力亦未完全,用心过度,大有碍于发育也。于六七岁时,宜延[36]诚朴、耐劳之师以教之。其发蒙也,先识字块以端楷书之,背面必写篆文,盖合体字则可略,独体字非篆不可识也。为师者,不可惮烦[37],须先就实字逐字解之,不能悟,再解之,旋令其自解,期其有所领悟。即异日读书行文,必能字字还出来历,再以《澄衷蒙学堂字课图说》、无锡《蒙学读本》七编,参投之,循序渐进,自能事半而功倍矣。

第一节 蒙养时之法则

孔子教法,所以夐[38]绝千古者,亦曰循循善诱而已。故教幼儿女者,不可躁进,须相其体格强弱,年岁大小以施其教法。若训诲过度,转滋进锐退速之弊。故为师者,须不恶而严,循循善诱。编定课程,每一小时应改换一课,俾脑力可以互用,不至生厌倦之心。课程完毕,随即放学,万勿加增例外之课,致阻其活泼之生机。斯教育小儿之要诀也。

第二节 幼稚时之默化

至男儿入小学堂后,堂中一切自有应守之规则,循序渐进,即可递升至高等学校。为母者,惟须审察寒暑,调理饮食,保养其身体,补助其精神。为父者,须默化其气质,使精神焕发,品行端正,养成益国利民之思想,为国家富强之根本,以期兴邦之兆。

第三节 发育时之培养

儿童至十三四岁,正在发育之时,宜注意培养。遇有疾病者,或羸弱者,皆须及是时格外调理,调理得法,宿疾顿除,羸弱者,亦可渐臻强壮。此儿童终身康强之机关也。届时相火[39]必旺,饮食易于消化,每易饥饿,故以饮食滋养最为合宜。余于儿辈最善调理,故虽有幼时善病,一经入冠则百病悉除矣,且十三四岁即英伟过人,而天资亦不鲁钝,可见培养之实效也。

第四节 长成时之女教

女子六七岁时,或秉母教或延师在家教之,与男子同。至八岁,即可入初等女学堂。除堂中应习之科学外,须择切近时事、文理通畅者读之,《诗经》《春秋》皆不可不读。盖《诗经》可以感发性情,《春秋》可考列强竞争之理。至于史鉴及汉魏六朝唐人之诗,亦宜博览,以博其趣。裁衣、刺绣、织绒等工科,如学堂无此课者,亦宜择性之所近而学之。及至十三岁,有七年程度,一切已有门径,可以在家随母教授家政等学。然后博采已学各科之参考书,肆[40]力其中,所学必更有进。如能注重教育学,为将来启迪幼稚之需,尤觉切近[41]而有用。家中万不可有淫词艳曲,以营惑[42]其耳目,感移[43]其心志。

第七章 养老(节选)

凡为女子,在家以孝顺父母为事[44];于归后,以孝养舅姑为重。盖一家之繁荣福祉，皆关于主妇之德也。家有老者，以先意承志[45]为第一义，其次则饮食、衣服、起居，在在[46]均宜注意留心，使老人意之所欲，无不如其意以偿。礼之所谓视于无形、听于无声者也。欧西[47]之习，五伦之中以夫妇为重，父子为轻。子既娶妇则分居离处，各从其志，弃父母如路人。此欧西人之大弊也。抑思夫吾之身从何来乎？自孩提以至壮年，父母所以昕夕[48]勤劳，爱怜备至，抚之教之，以冀[49]成人，原为老来享福安乐。为子媳者，能侍奉无亏，则将来自有儿孙奉养之日。盖人老精神疲乏，日渐衰颓，故百凡均须留意，服食起居，夙夜[50]用心，慰抚恳切，乃期无失。须知老人来日少、去日多，罔极之恩[51]，百年难报，倘有疏忽，悔恨终身。愿天下为子媳者努力勉之。

第一节　养志

养志者，孝之大者也。老人年高体弱，官骸[52]之效用力亦复大减，其兴致不如少壮远甚。故子媳辈，宜择其所好者罗列于前，以为消遣之法；或长幼聚谈，以娱老人之精神；或陈设古玩，以博老人之欢喜。老人好勤，当使家政毕举[53]，不宜令其过劳。老人多虑，随事代为记注，不宜令其长思。盖老年人历练既久，虽垂老，不欲掷世事而不问，故宜微窥其意，随时迎合，以期无损其神明，自能臻[54]康健而享遐龄[55]也。

第八章　家庭经济学（节选）

主妇者，主一家之生计，自以财政为第一问题。故欲富国者，先富家，民富则国富矣。虽然生财有道，亦全赖理财之得法耳。先哲有言曰：厚人薄己，谓之俭；厚己薄人，谓之啬。旨哉斯言[56]，真家庭经济之确论也。又曰：由俭入奢易，由奢入俭难。旨哉斯言，真家庭经济盈虚消长之一大关键也。持家政者，果[57]能会计明晰，屯买留心，蓄储有方，生息蕃[58]富，何患不蒸蒸兴旺乎？试观有等不学无术之妇，奢侈逸豫，荡检逾闲[59]。入则钟鸣鼎食，出则驷马高车。金玉珠翠，极趋荣华，其布帛米盐，不知价值，衣裳长短，不知尺寸，似此纵有极等资财亦难持久。更有悭吝之辈，当费而不费，当用而不用，不知大体，不助公益，不明礼义，不顾廉耻，斯人直为世界之守财奴耳，亦不谓之能理家政者。故为主妇者，须于财政斟酌损益，经营得当，然后可与言家庭经济学。

第一节　生财

生财之道，为男子担任者十之七，为女子担任者十之三。如针黹、纺纱、织布、织毛巾、制胰皂及纸烛诸工艺，以及畜牧、蚕桑种植诸专门，皆女子应尽之职务也。大凡女子之营业，其性质在补助男子所不能担任之职务，非事事越俎代谋,致男子于窳惰也。要以一人之计画,使一家少无数之靡费,且可借其力以应不时之需,则男子无内顾之忧,可由富家而驯至富国矣。

第三节 公益

主财政者,于无谓之应酬,无益之费用,自当力从节俭。然于学校义赈,关乎社会公益之举者,须量力捐输;或遇人急难,解囊相助,全人之美,多金不惜,皆有合于道德心者也。彼吝啬者,守财如命,因财舍身,当用不用;受人恩惠不知报答,受人礼物不知应酬;以货财为重,以义务为轻,是昧乎公益。所谓俭不中礼者也。

第四节 明晰

主家计者,一家之货币契据,必须明晰,洞悉于胸中。凡金银出入,须分类簿记出者若干,入者若干。须立预算表,量入为出,事必躬亲,不可委之于人。盖人之管司其事,则不能为节冗费,每因数少而疏忽,殊不知积少而成多也。即器皿、衣食、柴米、物品亦须随时登簿详记,以防遗失,立定限制,谨守规则,一目了然,庶无暧昧不明之弊矣。

第九章 卫生(节选)

女子既嫁,为一家之主妇,实一家治安之所系。故欲强国必自强种始,欲全国之种强,必自家庭之卫生始。然则卫生之关系,于国家者亦綦[60]重矣哉。日本女教育家下田歌子云:纵令富贵安逸,苟有一人卧病呻吟懊恼,则一家欢乐为之解散。和气洋洋之家庭忽变为暗澹[61]凄凄之悲境。旨哉斯言。是以为一家之主妇者,于眠睡、饮食、居室、衣被、寒暑、燥湿种种均须留意,宜绸缪于未雨之先,甚至起居、动作、游玩,皆有适宜之法。并须善于自卫,使身体强固,方能操作称意,否则身躯孱弱,常罹疾病,辗转床褥,上不能侍奉舅姑,中不足以佐夫持家,下无力以抚教儿女,不独酿一身之困苦,且家庭之乐事悉化为乌有。故不独宜重卫生,且宜兼习医学,使一家强则国强,国强则种族亦因之而强矣。

第一节 眠睡

早起早眠,乃兴家之元素,亦卫生之要点也。旭日初升时,有一种清明之气,最能助人精神,但既早起则必须早眠。凡人日间躬亲职务,晚间精神渐就疲乏,最宜养息,夜必睡至八小时为度。若不及此度,则精神未苏;若逾此度,精神转觉困顿,终日沉沉如堕入五里雾中矣。况家有小儿女,必皆早眠早起,为母者监督其饮食,体察其寒暖,不可全委之于仆婢。即调遣奴仆亦须早起,将应办之事记之于簿籍[62],每人所司何事,每事如何办法,皆须一一分别[63],方能秩然[64]就理。为主妇者,一人晏起[65]则众人皆晏起,百事废弛,故早起晏起乃家庭盛衰之关键也。①

注释

[1] 虽云色白,匪染弗丽;虽云味甘,匪和弗美:出自东晋葛洪《抱朴子·勖学》,指即使颜色洁白的丝织品,也要染色才会华丽;即使味甜的食品,也要调和才会鲜美。通常用以说明人必须经过教育才能成才。

[2] 陶融:陶冶教化。性:性格,脾气。质:资质,秉性。

[3] 逸:安闲,安逸。豫:安闲,舒适。

[4] 乞灵:求助于神灵或某种权威。

[5] 雍穆:团结,和谐。何克臻此:怎么会到这种地步？克:能,会。臻:到。

[6] 勰(xié):和谐,协调。

[7] 鸡鸣戒旦:怕失晓而耽误正事,天没亮就起身。

[8] 黾(mǐn)勉:努力,勉力。

[9] 牗(yǒu):通"诱",诱导。

[10] 商酌:商量斟酌。

[11] 佳耦:亦作"佳偶",好配偶,称心的配偶。

[12] 髫(tiáo)年:童年,幼年。

[13] 饔(yōng):早饭。飧(sūn):晚饭。

[14] 畀(bì):给予。

[15] 撙(zǔn)节:抑制,节制。

[16] 秩叙:正常的次序。

[17] 讵:难道,岂,表示反问。

[18] 邮:传送,递送。

[19] 俾:使。

[20] 恒:持久。

[21] 挈(qiè):举起,提起,带,领。

[22] 倾:倒塌。

[23] 甫:刚刚,才。

[24] 盖:表示原因。因为,由于。

---

① 曾懿.曾懿集(医学篇 外三种)[M].成都:四川大学出版社,2018:119-121,124-127,129,134-141,143-145,147-148.

[25] 葸(xǐ):害怕,畏惧。

[26] 迨:等到,达到。

[27] 诬:把没有的事说成有。

[28] 惨礉少恩:形容用法严酷苛刻。惨:严酷。礉:核实,引申为苛刻。恩:恩情。

[29] 窳阔(yǔ è):懒惰,恶劣。

[30] 蹉跌:失足跌倒。

[31] 植立:树立。

[32] 体育:身体养育。

[33] 绳:木工用的墨线,引申为按一定的标准去衡量、纠正。

[34] 参(shēn)商:参星与商星,比喻人与人感情不和睦。

[35] 缘:因为。

[36] 延:邀请。

[37] 惮烦:怕麻烦。

[38] 夐(xiòng):广阔遥远。

[39] 相火:和君火(心火)相对而言,一般指肝肾的相火,《中医大辞典》中有:"君火与相火相互配合,以温养脏腑,推动人体的功能活动。一般认为,肝、胆、肾、三焦均内寄相火,而其根源则在命门。"

[40] 肆:尽,极。

[41] 切近:非常接近,非常符合。

[42] 营惑:惑乱,迷惑。

[43] 感移:动摇,使其改变。感:通"撼",摇动。

[44] 事:责任。

[45] 先意承志:孝子不等父母开口就能顺父母的心意去做。

[46] 在在:处处,到处。

[47] 欧西:泛指欧洲及西方各国。

[48] 昕夕:朝暮,谓终日。

[49] 冀:希望。

[50] 夙夜:朝夕,日夜。

[51] 罔极之恩:无穷无尽的恩德。

[52] 官骸:身躯,形体。

[53] 毕举:完全办好。

[54] 臻:达到。

[55] 遐龄:高龄,长寿。

[56] 旨哉斯言:这话说得太好了。旨:味道美,引申为好。斯:这。

[57] 果:如果,假若。

[58] 蕃:茂盛。

[59] 荡检逾闲:行为放荡不检点。

[60] 綦(qí):极,很。

[61] 暗澹:不鲜亮,不明亮。

[62] 簿籍:登记、书写所用的册籍。

[63] 分别:辨别。

[64] 秩然:秩序井然。

[65] 晏起:晚起。

解 读

《女学篇》是一部很有特色的论著。中国历史上自班昭著《女诫》以来,关于女教的读物数量不可谓不多,但是多以儒家伦理道德为核心,对女子宣以恪守"三从四德"之说教。

曾懿所处的时代正经历维新变法浪潮,新世界、新思想扑面而来,冲击着传统的陈词滥调。作者本人中学功底深厚,对西学亦持开放之态度,游历颇丰、见识极广、胸怀开阔,这在当时女性中甚为难得。她关心国家前途、民众幸福,结合自己的经验及体会,思考切实可行的富家、强国之途,强调女子教育之重要性和可行性,主张"外而强国、内而齐家""男子可学者,女子无不可学""果教之得法,宜可大胜于男子者"。曾懿所倡导和论述的女学,在其目标与旨意上,已经极大突破了传统女教的格局。

在内容论述上,作者做到了大处着眼,小处着手,结合自己丰富的才学造诣、医学经验、治家之功等,提出了很多具体的、可行性极高的指导建议,涉及女性一生各个阶段和日常生活的诸多方面。

同时,她也提出了很多富有科学、民主思想的新鲜见解,如关于平权思想之讨论、家庭经济学之论述、社会公益之倡导。她并不囿于一家,而是放眼整个社会,思考女性之可为和当为。当时之世,可谓划时代之见解,现今读来依然令人赞叹。

(编注:肖 乐　校对:金 铭)